地道风物

012

陈沂欢 主编

火锅

─ HUO GUO ─

北京联合出版公司
Beijing United Publishing Co.,Ltd.

火锅

撰文／蓝 勇

　　先秦时期，告子言"食色性也"，认为食欲、色欲都是人的天性。而在中国的传统价值取向中，"色"是不能随便发挥和张扬的。于是中国人把创造力和热情都倾注在饮食身上，所以"食"在中国，可以很张扬地说，也能很张扬地做，所谓"食不厌精，脍不厌细"正反映了这种追求。那么在当下飞速发展的社会里，哪种饮食方式最为热烈、最为张扬？毫无疑问就是火锅了。翻滚的锅底、蒸腾的水汽、鼎沸的人群，火锅的一切都彰显着它的热情，在这种罕见的热情中，中国人的天性得到了释放。

　　如今人们一提到"吃火锅"，大多想到的是来自巴蜀地区的麻辣火锅，从历史角度来看火锅，它的内涵悠远丰富，值得大书特书。无论这一烹饪方式——火烧水煮的古老程度，还是历史文献中记载流传的"拨霞供""千叟宴""暖锅"等，都适宜展示这一饮食方式厚重的历史底蕴。火锅的起源、演变考证繁琐，书中自有解读，这里仅就人们对麻辣火锅关注的一些争议问题略叙一二。

　　首先，麻辣火锅的起源问题。

　　命名一种火锅类型，我们多用其所属地区或涮烫主食材来区分。汤底的味型变化有限，很少会被用于分类，但"麻辣"除外。近两百多年来，辣椒在巴蜀地区作为调味品逐步扩散开来，二十世纪的社会变革带来的人口频繁流动更是将"麻辣"这种极具刺激性的味型传遍四方，因此"麻辣"在人们印象中已经和巴蜀地区直接挂钩，所以诞生在巴蜀大地的"麻辣火锅"自然而然地携带了所属地区的信息。

　　进一步追问，麻辣火锅起源自巴蜀何方？

　　有的学者认为是重庆，有的学者则认为是自贡，还有的学者认为是泸州。而根据我的研究，源于重庆是最具有说服力的论断，更准确地说是源于清末重庆沿街串巷走码头的"水八块"，并与船工行船的"开船肉"有关。这种饮食方式直至民国初年才逐渐进入堂内。1921 年，重庆较早的一家固定的火锅店"白乐天"在杂货市场的较场坝附近开业，因其主要涮食的食材是毛肚，所以在那个时期也被称为"毛肚火锅"。

　　而它的另一个流行名称——重庆火锅，出现的历史并不悠久。20 世纪七十年代末，我到重庆读书时，还没有听说过重庆火锅之名，八十年代初毕业时才听说有桥头火锅。1983 年到部队工作后，重庆火锅开始在社会上迅速发展，形成气候，并逐渐出现九宫格、鸳鸯锅、子母锅的锅式。到今天，重庆火锅已经发展成底料调味丰富、锅底类型多样、入品菜肴广谱的业态。但是，重庆火锅传播开来后，因为巴蜀地区大同小异的人文风俗、饮食习惯，很多外省人会简单地用"川味火锅"来指代重庆火锅。这些名称的广泛流传对麻辣火锅的起源和辨析产生了一定的误导作用，这也是相关争议频出的重要原因之一。

　　再者，麻辣火锅的流行对我们的生活有什么影响？

　　第一，麻辣火锅的出现，对传统就餐方式的影响较大。首先将烹饪与就食合二为一，让食客即时涮烫与以前煮熟成品增温进食的暖锅大不一样。而以前，麻辣火锅多是桌席上的一道盘菜，但以现代火锅的经营形式来看，它已经完全可以单独成席、单独成店。并且众人合围共煮一锅，决定了火锅餐饮的聚众性，且比西餐和其他中餐更强一些。此外，麻辣火锅还有就餐开放、随性自由、反仪式性的特点。人们在吃麻辣火锅时，可以光着膀子吃，可以高声喧哗，可以不讲求座席位次的尊卑，可以随时按自己的喜好点菜、加菜。

　　第二，麻辣火锅利于人们释放压力，调节情绪。我在《中国川菜史》一书中谈到川菜的八字特征——"麻、辣、鲜、香、复合、重油"，麻辣火锅是将此八字体现得最为全面的饮食形式。同时，麻辣火锅还应加上一个一般火锅普遍有的"烫"或"热"字。这样，火锅的大麻大辣、鲜香并重、复合重油与热烫高温叠加在一起，通过众多感觉器官传达至大脑，对于现代社会快节奏下人们疲惫的身心来说，可谓是一种心灵的重新激活和生物学上的身体释放。所以，当我们烦心于正式场合繁琐的饮食礼仪时，或奔波于生计之苦累中，或疲于家常味道后，品尝一下麻辣火锅，当真是一种通彻身心的释放。

　　第三，麻辣火锅的流行在某种程度上也加剧了人们口味的单一化、刺激化，更多的人会把麻辣的味型同川菜直接挂钩，加剧了人们对"川菜＝麻辣"的刻板印象。而好的川菜应该是醇厚的香中包裹麻辣，而不是麻辣得无处寻香，火锅也是如此。这一点往往许多人理解不到，许多区域外的小面、火锅仅仅是辣度高而不香。同时，麻辣吃到爽没问题，但是感受味道的丰富性依然值得人们所追求。所以，一位对极度麻辣食物上瘾的人往往是成不了美食家的。

　　麻辣火锅发展到今天，也面临各种挑战，如老油传统与味道清薄的矛盾、精工汤底与繁杂蘸碟的冲突、麻辣程度与鲜香本色的不合、绿色饮食与化学食材的抵触、公共环境与喧嚣就餐氛围的取舍等，这都需要对麻辣火锅及文化做更深入的分析和总结。那么，"地道风物"团队推出的这本《火锅》，对于川渝火锅的正本清源和厘清麻辣与川渝、川味的关系就十分必要了。

　　这次撰文的诸位作者多是在饮食文化方面研究精深的大家，如石光华、司马青衫、二毛等都是有长期烹饪体验及较深理论思考的作者，对火锅的理解十分深刻，而曹雨等年轻人也对麻辣文化、火锅文化多有思考和探索，有一些视角十分新颖、独到。

　　近些年来，我一直在从事饮食文化史、历史饮食地理方面的研究，深

HUO GUO HUO GUO HUO GUO
IV 火锅 HUOGUO
HUO GUO HUO GUO HUO GUO
HUO GUO
HUO GUO
HUO GUO
HUO GUO
HUO GUO
HUO GUO
HUO GUO
HUO GUO
HUO GUO
HUO GUO
HUO GUO

深地感到，中国人对饮食的钟爱程度可以说超越世界上任何国家。特别是在巴蜀地区，传统文化中的"尚滋味""性嗜口腹"，使巴蜀人民几千年来花费在饮食上的光阴太多太多，自然也创造了数不胜数的美味佳肴，滋生出丰富多彩的饮食文化。说一句"食在华夏，食在巴蜀"也不为过。人们常感叹国人拿诺贝尔奖太少，但如果说世界有诺贝尔饮食文化奖，可能国人的饮食创新就会拿到手软，重庆火锅就很有可能中奖。

饮食的品评本身是感性的，酸甜苦辣各有所好。所以，饮食文化的研究可能是物质文化研究中最难把握的。在我们这本《火锅》中，各位作者的观点可能并不完全一致，但这并不妨碍我们对饮食文化研究的共同追求。为了我们的饮食文化更为丰富，为了我们大家能品尝更好的火锅味道，感受更好的火锅场景，体味愉悦欢畅的饮食人生，请诸位读者翻阅这本《火锅》。

麻辣火锅的都市神话

撰文／范亚昆

早年，重庆是两江码头，成都是天府之国，一个熙熙攘攘，一个富庶丰饶，什么美食没有？偏偏不起眼的江边小摊上卖起那不起眼的麻辣毛肚火锅，百余年来，先是满足了挥汗如雨的船工挑夫的胃口，又四散蔓延，终至慰藉了吟诗作赋的文人骚客的灵魂。然麻辣火锅的脚步远不止于此，它跨出川渝征战四方，在各大城市的繁华街市有了一席之地，生生被大江南北的诸多同胞深切惦记。

不可思议。在中国，南米北面、南甜北咸，口味上的种种城池壁垒实难打破，偏这麻辣火锅横空出世，南北不忌，大有一统江湖之势。为什么？

爱吃火锅的人说，麻辣让人上瘾，越吃越辣欲罢不能，所以吃的人越来越多嘛。这话说得对，但不仅如此。麻辣火锅风靡各地的进程，对应的也是几十年来城市经济空间的变化进程。

混合各种食材炖煮一锅，古往今来都是养活一大家子人的大家长的必备功课，久而久之也成了世界各地传统文化中的经典吃法。倘若这锅子煮好端上桌，就是烩菜；如果大家围炉而吃，它就是火锅——所以，火锅是个古老的家常菜，入不了精雕细琢的高级菜的品类。至于塑造麻辣之相的花椒和辣椒，其味道泼辣、来势汹汹，早年也登不上大雅之堂，只在寻常人家用来下饭。

　　所以，一百多年前，重庆江边麻辣毛肚火锅的目标客户群，就是船工纤夫挑夫，彼时阶层有别，劳工之外的阶层大多不肯去尝一下火锅。1949 年之后，社会阶层壁垒被打破。20 世纪 80 年代，自由市场的经济空间逐步形成，街头出现个体经营的小小火锅店。对于经营者来说，它简单友好，不要求精湛厨艺；对于食客来说，谁又能抵挡得了朴实而热烈的麻辣诱惑呢？街头巷尾的小火锅店里，充满了汗流浃背的食客，和野趣横生的市井传说。后来，火锅店数量增长，以至于溢出重庆，进入成都，川渝麻辣火锅的风味就此形成。

　　进入 20 世纪 90 年代，一方面，高端火锅店在竞争中出现，对应了具有较高消费能力的人群的出现；另一方面，围绕成渝两地的火锅产业集群开始发展，出现了专业化的供应商、劳动力的蓄水池和通畅的产业信息渠道，火锅上下游产业的从业者数量不断增长，成渝周边逐渐形成产业副中心。此时，全国各地的美食都开始发展，但让火锅业发展速度一骑绝尘的两大要素几乎不可复制：利润空间较大、工艺便捷。得益于此，川渝之外的许多城市渐渐出现了麻辣火锅店。

　　近几年，火锅业的空间格局有了更大的突破，出现数家大型火锅连锁店，覆盖全国诸多城市，这是三大技术发展的结果：互联网金融的发展，使连锁业务的资金流动透明化，简化了管理难度；智慧工业和食品科技的结合，使火锅底料质量稳定、产能急剧扩大；冷链运输网的成熟，降低了运输成本，使各城市的连锁终端可以第一时间享用到最新鲜的食材。

　　对于食客来说，麻辣上瘾也不是选择火锅的唯一理由，年轻一代白领阶层的社交文化崇尚自由平等随意，传统中餐馆的尊卑有序之礼显然令之拘谨，火锅恰恰满足了他们的社交需求，这个社交空间还自带热气腾腾的氛围感，实在妙极。麻辣火锅在这一刻由食物变为社交空间，终于变为一种流行文化。

　　这一次，我们围绕火锅这个主题，邀请川渝的美食作家，来回忆关于火锅的江湖传说；邀请学者来揭示麻辣的秘密；更有不同的作者深入川渝，从地理因素、口味记忆、传统与现代工艺、商业逻辑等角度探访火锅的发展脉络，以期让读者更加了解这个浓烈而热情的食物，更加了解它背后所展示的城市生活的变迁。

　　也许，如今的麻辣火锅很难再拥有几十年前那令人怀念的鸡毛蒜皮与温情脉脉。幸好，新一代的消费者愿意相信：城市，让火锅更美好。

CHAPTER 01

川渝生活 100 年

CHAPTER 02

川渝火锅的灵魂

CHAPTER 03

火锅里的小宇宙

CHAPTER 04

川流不息，奔向未来

CHAPTER 01

川渝生活 100 年

爬坡上

成都平原 天府之国

麻辣火锅 皇城老妈

巴适得板 勒是雾都

山城 川渝火锅 魔幻

湖广填四川

嘉陵江 重庆火锅 鸳鸯

川东平行岭谷

长江 棒棒儿

麻辣鲜香 都江堰

图 / 视觉中国

重庆

CHONG QING

我的锅 厉害了

重庆火锅，厉害了我的锅

撰文·司马青衫

我有一个上海朋友，是重庆火锅的狂热粉丝。前几年，他几乎每个月都要找一个周末飞来重庆：当天晚上，我带他去郊外吃江湖菜；第二天早上，雷打不动的一碗重庆小面；中午一顿火锅；下午飞回上海。

有一次，上午我接到电话，他说想吃火锅了，想得按捺不住，于是他订了中午的机票，晚上我们猛撮了一顿火锅，然后他又连夜赶回上海——第二天上午他还有个会要开。他爱火锅到这个程度，估计此生是救不回来了。

我还接待过一个日本朋友，某大型快消品牌的中华区总裁，他到重庆就闹着要吃火锅。我还担心他会不会被辣出心理障碍。结果呢，其烫毛肚、鸭肠的熟练程度，让我大吃一惊。最后以他的白衬衣布满红色的火锅汤渍，结束了这场啤酒毛肚之宴。

重庆火锅与两大麻辣定律

非常重庆的重庆火锅能够风靡"天下"，我想，最大的秘密可能在"两大麻辣定律"。川菜的发展历程，有两大现象，我把它们称为两大麻辣定律：一是麻辣上瘾后的不可逆定律；二是菜式中麻辣度的边际递增律。

味道的"卫道士"，那些清淡饮食的坚决捍卫者，从一开始，就对麻辣味道极为警惕。有资料记录，哪怕到了清末民初，麻辣已经在民间极为流行了，但是重庆的高端筵饮场合，仍因为麻辣的民间属性，而将其视为洪水猛兽。一桌筵席里，只能容忍一道麻辣菜式，后来也不过最多允许两道，否则，这桌筵席的档次就陡然下降，为高端食客所鄙视。

我研究过这个时候的川菜菜谱和一些民间家庭饮食的记录文本，从中可以看到，味道的冲突现象十分突出。

清同治四年（1865年）的手抄本川菜菜谱《筵款丰馐依样调鼎新录》中，上千个菜品，只有寥寥几个有辣椒，还都在民间饮食板块中。高端筵席菜里，一个麻辣的都没有。而成都美女曾懿，在其《中馈录》中记录了她家在清同治时期的日常厨事。这本书虽然1907年才出版，但字里行间都流露出她对辣豆瓣、泡椒的喜爱之情——她家是典型的成都郊区乡绅之家。

历史告诉我们，麻辣味道的开局受到了太多阻难。对麻辣味道的鄙视，就是味道阶层固化后的文化鄙视，这是两种味道文化——所谓雅味道和俗味道、上流社会的筵席味道和民间的家常味道——之间的直接对立和冲突。但是麻辣一旦开始起步，它的脚步会变得越来越坚定且快速。尝到麻辣美味的

凭借魔幻的夜景，洪崖洞成为重庆旅游一张响亮的名片。摄影 / 曹冰冰

吃货们，再也回不去了——这就是麻辣不可逆性。而随着麻辣味道日渐普及，一个又一个更加麻辣的菜品，被大胆的厨师创造出来——这就是麻辣程度的边际递增规律。事实上，在这个过程中，重庆厨师扮演了重要角色。热爱放飞自我的重庆厨师，创造了当代川菜中的很多菜式。这些麻辣度越来越高的菜品，逐渐受到市场追捧，重庆火锅这种代表麻辣最高烈度的饮食形式就呼之欲出。麻辣的发展，也会进一步导致重庆火锅的诞生和普及，这个过程，同样不可逆。

重庆石柱辣椒是农产品地理标志产品。摄影 / 吴学文

重庆老作家、老报人欧阳平回忆，他第一次吃火锅是在 1920 年，那一年他十岁。家附近一家名叫"划得来"的冷酒馆，开始兼营堂食火锅。香味飘过来，小欧阳平实在忍不住，想吃，但被家人严厉制止——我们这种大户人家，怎么可能去吃那种"低端"的麻辣饮食？但是，家人实在拗不过小欧阳平，只得喊了也许是中国火锅史上的第一次火锅外卖，让"划得来"的老板，把火锅送到家来。欧阳同学平生第一次吃到了火锅，从此成为火锅上瘾者。

欧阳平的故事告诉我们，火锅是如何攻陷大户人家的。而作为一个整体的重庆人，对麻辣的耐受度，在抗日战争时期火锅的第一次大流行中被推上了一个台阶。二十世纪八九十年代，重庆江湖菜的流行又把全国人民对麻辣的耐受度集体推上一个新台阶。更多的吃货被重庆江湖菜带进了麻辣这个巨大的"坑"。紧接着的重庆火锅大流行，使那锅麻辣红汤在全国各地成为川菜的象征——川菜其实是被江湖菜和火锅硬生生打造成了麻辣菜系。

重庆石柱椒农正在精选辣椒种子。摄影 / 吴学文

这让很多老派川菜厨师大为不满。他们一直在呼吁川菜不只是麻辣味，甚至大部分川菜都不是麻辣味的。事实也如此，打开传统川菜菜谱，绝大部分川菜都不麻辣，或者只有低度的麻辣，但是，偏偏就是这些川菜中的少数派——起源于重庆的民间江湖菜和重庆火锅，"涂红"了川菜菜系。麻辣的力量是如此巨大，不是几个人的呼声就能让麻辣势头逆转的。有人甚至预测，未来的中餐界，一大半

重庆的菜市场颇有山城特色，日常可见的菜品大多可以涮火锅来吃。图 / 视觉中国

重庆拥有众多码头，这也是毛肚火锅在这里诞生的条件之一。 图／视觉中国

都会是麻辣的天下。这其中，重庆火锅又会分得几分春色呢？

重庆火锅的"重庆"

我们经常讨论文化。但这种讨论也经常因为陷于抽象，而让业界更加迷惑。简单地说，就餐饮的角度而言，文化就是一种食俗。一个人长期坚持的行为，是个人的习惯；一个区域的大部分人所坚持的一种共同习惯，就是民俗。民俗，是在地文化的主要部分。这个区域的所有或者大部分人共同养成的一些食俗，就是饮食文化。

重庆火锅的"重庆"，就是文化。重庆火锅，是重庆这个火辣的城市在历史中养成的一个食俗。它的起源、饮食方式、一些约定俗成的规则或者仪式，都充满了浓郁的重庆特点。

四川作家马识途 1996 年在发表的《重返红岩村随笔》一文中，描述了传统重庆火锅的场景："我们走进一个极普通的店堂，一张张的方桌中间，都挖了个圆洞，烧得通红的炉上摆着砂锅，里面红汤滚滚。最好的正宗菜就是毛肚，所以通称毛肚火锅。我们是坐在高凳上，就着低桌子，脚踏桌横子，大块放进肉菜和蔬菜，就着土碗里的烧老二，又说又笑，大吃大喝起来。吃得热了，索性脱掉衣服，赤着膊，四顾无人地豪吃。不多一会，大汗淋漓。奇怪得很，我忽然感到大汗一出，扇子一扇，一身清凉。这才唤起我在新中国成立前在重庆朝天门的河坝竹棚里，和那些下力人挤在一起吃火锅的回忆……"

这是 20 世纪 90 年代中期的重庆火锅，文中的"高凳""低桌子"云云，就是传统重庆火锅的典型特征。同时，文中一句——"……在重庆朝天门的河坝竹棚里，和那些下力人挤在一起吃火锅"，就透露了重庆火锅当年的阶级属性——社会底层的美食。

重庆是码头城市，纤夫、挑夫、力夫众多，工商业繁荣，同时流动人口（俗称江湖人士）也特别多，这就养成了一座城市的江湖之气。火锅的就餐方式和这座城市的江湖豪气特别契合，也是火锅能够兴于重庆的重要原因之一。

过去在重庆吃火锅，有个名词叫"打组合"。互不相识的人，围坐火锅桌旁，几句寒暄，就干脆"打个组合"，意思是临时凑一局，AA 制。后来，这个词被重庆的出租车司机搬了去。所以过去打车时，司机经常会说："等会顺路再捡一个人，打个组合哈。"

我一个朋友，他和老婆就是在火锅桌上打组合时认识的。吃火锅打组合，也不计较谁吃多了、谁喝少了，最后大家账一清，勾肩搭背，东倒西歪地出门去，一声"再见"，从此江湖是路人。

重庆九宫格火锅，鲜红热辣的汤底十分诱人。图／视觉中国

重庆火锅有些有趣的食俗规则，在某些街巷深处的老火锅店里还保留着。比如吃火锅时，如果使用九宫格，就不能往中间那一个格里倒菜。按照重庆火锅的传统食俗，往中间一格倒菜就是撵客，表示这次饭局马上要结束了，所以剩菜全部倒进来，几下吃完就走人。

再比如，现在有些使用九宫格的重庆火锅，要在九宫格上放一块鹅卵石。老板往往解释为重庆火锅油重，所以需要把毛肚、鸭肠等烫好的食材在鹅卵石上刮一下油。其实不是这样。当年的重庆火锅，很多是陌生人拼桌打组合，所以需要九宫格，以区分各自的领地：我的菜在这几个格子，你的菜在那几个格子，不要夹错了地方。但以前的九宫格是木制的，木制品比重小，在火锅汤里容易浮起来。你涮的肉片漏到我这里了，我涮的黄喉又跑到你那边去了，这事儿就大了。重庆人"火气大"，万一因为几片毛肚引发一场"血案"，那就不划算了。于是，聪明的老板就用鹅卵石压在木制的九宫格上面，这样，九宫格浮不起来，大家各吃各的，相安无事。

传统重庆火锅店的店面往往很小，只有四五张桌子是常态，甚至还有家庭火锅馆。20世纪80年代末期，南岸海棠溪街道的桐君阁药厂家属区（几栋老式红砖楼房）有家"老黎火锅"，就开在二楼老黎的家中。老黎是下岗职工，60年代去过越南抗美，经常给人们讲当年在越南打仗的故事，引得人们忍不住常常去吃火锅。

当年的重庆火锅，非常家常。绝大部分火锅店，老板和老板娘同时也是店小二，混得熟了，老板自己提一瓶啤酒，转到你旁边坐下，还会自己加一两份菜，一起大吃大喝、胡吹乱侃。火锅店完全沉到了重庆人生活的底部，构成了重庆人日常生活中非常重要的一部分。这和重庆老茶馆很相似。

老茶馆和老火锅店，最大的区别就是一个喝茶，一个喝酒、吃肉，但主旨都是大家混在一起，吹牛、摆龙门阵，环境、吃的喝的都很接地气。店中来往的都是左邻右舍、三朋四友，相当于城市或社区的公共空间。老火锅店也是信息交换中心，老板经常神秘地凑到你耳边，讲一些家长里短的花边新闻……各种鸡毛蒜皮的小道消息，在老火锅店滚烫麻辣的氛围中，飞来飞去。

老火锅店诞生于重庆的桠桠角角，它源于重庆生活，它就是重庆生活。

爆款背后的味道逻辑

重庆这个城市，是著名的"爆款"制造机。洪崖洞、穿楼轻轨、过江索道、皇冠大扶梯……其中最大的爆款，要数重庆火锅。

重庆火锅，这种非常区域性的小众玩意儿，居然成为全国吃货追捧的大爆款。当年经常泡在街头巷尾小火锅店里的鄙人，从来没有想过，火锅这种如此极端的味型，居然也有爆红的时候。

山城、码头、水运枢纽等因素，让重庆诞生了"棒棒军"。摄影 / 杜宁

20 世纪 40 年代当过记者的老作家——重庆人李华飞，在他的回忆文章中，谈到了重庆火锅的起源和初期发展。当年，重庆火锅起源于石板坡到菜园坝的江边沿线。这里有紧邻重庆主城唯一的宰牛场。重庆火锅曾经的形态，是麻辣味的牛肉或牛杂汤锅。突然有一天，有人发现被废弃的牛毛肚居然可以涮火锅，而且还很好吃。于是，这一锅煮着吃的汤锅，因为毛肚的加入，摇身一变，成了可涮可煮的麻辣火锅——标志性主菜就是毛肚。因此，早期的重庆火锅又叫毛肚火锅。

曾经的重庆毛肚火锅当然是穷人的美味。临江门一带是老重庆的贫民窟，这里的人，发现了毛肚火锅这种便宜又能大口吃肉的美味，当然不能放过，纷纷过来打牙祭。聪明的老板就开始把火锅店开到临江门，后来又开到较场口，再后来沿着两江码头的棚户区延展而去……

重庆火锅能够诞生并站立起来，最大的功臣是辣椒和毛肚。辣椒进入四川，让这些原来膻味十足、口感粗粝的牛下水，在强烈的麻辣味道包裹下，变得可以下咽。随后在民间大厨的反复研究下，它们的口感和吃法逐步变化——或者叫进化，这个进化的过程，就是重庆火锅完成"逆袭"的过程。毛肚的功劳，不只是毛肚本身，还有带来了"涮烫"这个新吃法，突破了传统汤锅煮着吃的局限，大大增加了重庆火锅的菜品选择。

而重庆火锅这种极端的麻辣形式，在重庆这个地方诞生，自有它的逻辑合理性。最大的前提是，从清朝中晚期开始的麻辣日渐普及。第二个重要前提是，曾经重庆这地方贫苦人众多。重庆是西南地区近代最大的码头城市、工商业城市，二者都催化了十分严重的重庆城的阶层分化。那时候，穷人是麻辣味道和火锅的第一批忠实主顾，也是最大的社会基础。

抗日战争时期，从外地涌进来几十万贫苦民众，这使得重庆火锅的地位进一步牢固。重庆火锅的第一次阶层跃迁——从最底层百姓的心头好变成普通大众的喜爱对象——是在抗日战争时期完成的。由

重庆地铁李子坝站，北临嘉陵江，列车轨道从商住楼穿越而过。摄影 / 曹冰冰

重庆湖广会馆建筑群，有"湖广填四川"相关主题展览。
摄影 / 曹冰冰

重庆一条街上聚集十多家火锅店是常见现象。摄影 / 曹冰冰

于战乱，贫穷人剧增。穷人对菜品的关注点，首要就是能不能下饭。他们在重庆街上举目四望，发现了香气四溢的火锅。重庆火锅有三大特点：一是下饭，一两份菜就可以送几大碗米饭进肚；二是便宜，食材都是大家不要的下水——当年的下水，都是便宜货；三是蛋白质丰富。至于麻辣，哪怕吃惯了清淡饮食的"下江人"（重庆人对长江下游地区居民的统称），在这三大特点的诱惑下，咬咬牙也接受了。

就这样，重庆火锅从下力人的美食，变成了包括知识分子、小职员在内普罗大众的美食。抗日战争胜利后，这些人回归故里，对重庆火锅这种极端饮食体验的深刻回忆和良好口碑，又被他们带去了四面八方，重庆火锅的名气第一次辐射到全国。

重庆火锅的第二次跃迁，是在二十世纪八九十年代了。当时，重庆诞生了一大批以麻辣著称的江湖菜，如水煮鱼、辣子鸡、毛血旺……率先冲向全国餐饮市场，成为"搅局者"。这批"胆大妄为""不守规矩"的菜式，让中国各地的吃货开了眼界——麻辣还可以这样玩？！

一时间，红色的麻辣旋风席卷大江南北。有了这批先行者，重庆火锅的出场就顺理成章并势如破竹。从 90 年代开始，重庆小天鹅、德庄、苏大姐、秦妈、刘一手……本地火锅先后在全国各地落地开花。重庆火锅承接住了重庆江湖菜的势能，一浪一浪地涌向全国。

重庆火锅的第一次大发展，是在重庆本地内卷；第二次大发展，是冲向全国。对比一下重庆火锅的两次大发展，会发现相似的规律——都是其他的麻辣菜式先行，培养麻辣拥趸，然后火锅再大步跟上。

重庆火锅的第三次浪潮，就是近十年的事了。这次情况非常复杂。首先，主角还是重庆火锅，但是背后的"操盘者"变了。资本和各地企业冲进这个领域，重庆火锅从重庆的地方品牌，扩大成全国性大行业。但是，在这些新兴的火锅店招牌上，却隐去了"重庆火锅"中的"重庆"，只剩下孤零零的"火锅"两个字。这背后固然有商业考量，但同

抗日战争时期，作为陪都，重庆修建了许多防空洞。如今某些闲置的空间被利用起来，有的成为火锅店，在防空洞里吃火锅也成为重庆一大特色。摄影 / 吴学文

时表明，"重庆"这两个字所蕴含的在地属性，正在悄然被解构。

虽然这么多年来，重庆火锅的"去重庆化"在一些地方一直进行，但是，相当长时间内，在全国火锅市场中，"重庆火锅"是绝对的金字招牌。如果两家店挨着，同样是红汤麻辣，但一家是"重庆火锅"，另一家是"XX 火锅"，消费者会毫不犹豫地走进"重庆火锅"的大门。现在不一样了，品牌高于品类，如果旁边的"XX 火锅"有着强大的品牌势能，"重庆火锅"四个字很可能在较劲中败下阵来。

不知道为什么，我很少看到政府或者行业持续为"重庆火锅"中的"重庆"两个字赋能。重庆火锅的本地品牌，在外地品牌的围剿下，似乎离重庆火锅行业的头部位置越来越远。"重庆火锅"，这个曾经辉煌的名字，正变得越来越黯淡。我很担心，

在不久的某一天，作为一个餐饮品类的代名词，"重庆火锅"会被"A 火锅""B 火锅"等具体的品牌名彻底取代；"重庆火锅"所蕴含的特殊地域文化意义，会星散于商业迭代的无情竞争之中。

成都 CHENGDU

江湖 火锅就是

撰文 · 石光华

<u>火锅这种烹煮方式，我想应是人类最早的吃法。在我看来，只要把各种食物扔进汤锅里煮熟了吃的都是火锅。而我吃的是今天说起火锅就自然想起的麻辣火锅。这种起源于重庆以及四川江河码头的船工、挑夫和渔民中的麻辣火锅，本身就是江湖的象征。这种非常哥们儿、吃法豪气、简单直接的火锅，与那时我们对诗歌、人生的感受融为一体。就这样，四川诗人们在酒与火锅中，结成兄弟姐妹，把 80 年代搞成了诗歌的年代。</u>

火锅是四川诗人的那盆菜

经常有人问我，20 世纪 80 年代，四川为什么会突然出现那么多走南闯北、成就一个时代的诗人。我的回答通常是，一个是酒，一个是火锅。酒，天下诗人都在喝，喝多喝少而已；火锅，就只有四川诗人经常吃。火锅的热烈、刺激、江湖感，让四川诗人的激情、荷尔蒙和敏感性极大地充沛和饱满，而巨大的社会压力使它们无处释放，于是写诗，拼命地写诗，写离经叛道、狂妄不羁的诗。

当地诗人聚在一起，稍稍隆重一点，吃火锅。外地外省来了诗人，必须吃火锅。火锅就是诗人那盆菜。喝酒助诗兴，吃火锅长诗才。那时，四川诗人都很穷，很多人甚至没有工作。在经济窘况下，是没有多少钞票到火锅店山吃海喝的。幸好大多四川诗人不仅好吃，而且会做。自己动手，炒制火锅底料，在家里和哥们儿，如同在梁山和兄弟，让诗歌与火锅"胡搅蛮缠"，一台又一台，一拨又一拨，那是火锅的诗歌岁月，是诗歌的火锅岁月。

我和诗人万夏，分住在青石桥街道的两头。他住的地方，叫古卧龙桥，但是，万夏却是一个满中国到处飞的人。我住在飞龙巷，但在三十岁之前，

四川都没有出过。和我俩最铁的兄弟叫宋炜，龙年龙日生人，古时称之为"双龙在天"。他半生独步天下的诗章，却隐而寡发，少与人知，或许该叫"潜龙在渊"？人与地名或名号的阴差阳错，就像命运于人，总是显得幽默。我们三人，入诗太深，难舍难弃，这是不变的；另有一个，就是与饮食纠缠，算是吃货中的欢喜人。宋炜办过《中国美食地理》杂志，开过馆子"下南道"；我现在主要在"伙食中找伙食"；万夏不靠餐饮为生，但他出入于美食圈，京中家宴，座上常是美食界的名人。这大概也是三条名与命悖之混淆的缘分。青石桥是成都当时最大的农贸市场，我和万夏经常在买菜时相遇。万夏跟母亲住在一起，家里人少，加之万夏以仗义好客名满诗歌江湖，他家于是有了中国第三代诗歌——"成都第一招待所"之称。有多少诗人在万夏家吃过他自己炒料做的火锅，可能他自己也记不住。我那时已有老婆和女儿，年过古稀的祖母也和我住在一起，但是，自己做菜，做火锅邀约写诗的哥们儿在家里快活，也是常事。自己炒底料，首先要有上好的牛油，牛油和菜油混炒，六成热时，把大量的

李劼人故居附近的"东门市井"，还原了老成都的市井生活。摄影／李志勇

干红辣椒（二荆条与朝天椒各一半）、花椒、郫县豆瓣、老姜片以及大料、桂皮、草果、茴香、香叶等二三十种香料依次倒进去，中火慢慢翻炒，再加入白酒、冰糖、醪糟，慢慢地炒上几十分钟（火锅店好的底料，有的要炒几个小时），然后加上熬好的骨头汤，加底盐，再小火熬炼一个小时以上。待到浓烈的、特殊的香气弥漫整个房间，早已被汤料之香勾引得饥饿难耐的诗人们，就会迫不及待围坐于火锅的汤锅周围，把早已洗净备好的各种菜肴，或烫，或涮，或煮，蘸着芝麻油碟，往自己的五脏六腑快速地运送。虽然都是好酒的诗人，但是，火锅一开吃，没有一个人想起喝酒，而是集体闷头大吃，直到吃得初步酣畅，才会举杯快活地招呼"喝起，喝起"。我们把这时叫作吃火锅的第一个高潮。

笔者石光华在家中做川菜。摄影 / 邹璧宇

从成都火锅中认识成都

　　火锅这种烹煮方式，我想应是人类最早的吃法。在我看来，只要把各种食物扔进汤锅里煮熟了吃的都是火锅。而我吃的是今天说起火锅就自然想起的麻辣火锅。这种起源于重庆以及四川江河码头的船工、挑夫和渔民中的麻辣火锅，本身就是江湖的象征。这种非常哥们儿、吃法豪气、简单直接的火锅，与那时我们对诗歌、人生的感受融为一体。就这样，四川诗人们在酒与火锅中，结成兄弟姐妹，把 80 年代搞成了诗歌的年代。

　　在成都，火锅是一种比诗歌更广大和生动的生活展现。单论火锅店的数量，成都还在有"火锅之都"的重庆之上，火锅品类和吃法的丰富，也显示着这座古老的移民城市开放、包容的精神。的确，在无数的饮食种类中，没有哪一种能像火锅这样，鲜明而有趣地表达出成都人的性格。排队买东西，这在全世界都有。但是，为了吃一顿火锅，排上两三个小时，虽然不是成都独有，但肯定也是成都最多。一到傍晚，满城火锅店人声鼎沸，稍有点名气的店门口，坐着的、站着的，乌泱泱一片。幽默的

川渝火锅底料中，醪糟是必不可少的调味品。摄影 / 吴学文

成都人说：就是吃欺头（四川方言，占便宜的意思），也没得那么多人排班。诗人翟永明形容成都是"花懒人闲"，从等候一台火锅的人群队列中，我们能感受到成都人那种"天大地大，不如吃大"的美食之痴，更能感受到这番对生活的耐心。人闲时日长，心闲天地宽。

在成都，朋友之聚，同学之会，同事之欢，吃火锅；升官发财有喜事，吃火锅；朋友之间有了矛盾或者误会，吃火锅；生意不顺，做事有难，吃火锅；离婚失恋丢东西，吃火锅！成都人的信念是：没有一台火锅不能解决的事，一台不行，就两台。火锅的自由、热烈、分享与放松，把人生百事化繁为简。酒浇不去的块垒，话解不开的心结，都烫了，涮了，煮了，吃了，消化了。麻辣之中，阴阳平衡，喜忧两宽。

在成都，不会有人瞧不起鸳鸯锅，吃辣的和不吃辣的，自由自在地各得欢喜；甚至连蚝油，都顺理成章地加上；清油火锅没有牛油的那么香郁，但是，我们就喜欢它的清爽与绵长。在成都，没有哪一种品类的火锅，低锅一等，没有哪一种食材不可以烫而啖之。从几万家灯火与热气交融升腾的火锅店中，我们看见了这座大城的欢乐、包容、开放。

现在，我人之将老。日渐羸弱的肠胃，已经无法经常承受火锅浩大的盛情。近20年来，我除了断断续续还在写诗，大多心思放在了对川菜的研学上。其实，川渝的麻辣火锅，本身也是川菜的一个品类，只不过十多年中，火锅店开得密密麻麻，占了川菜餐饮业的半壁江山，大家就把火锅单列出来，隐然自立了门户。应该说，我在川菜中得到的乐趣，比火锅更丰富和细致，也更贴近自己日常的生活。在我心中，花椒与辣椒的相遇，犹如一场旷世的食物恋情；而它们的结合，创造出一个伟大菜系最具魅力的味道谱系，完全就是一部饮食江湖的英雄传奇。回锅肉仅以豆瓣、豆豉、酱油和甜面酱四种发酵的调料，成就了名满天下的川菜经典，它深含的文化内蕴与中国智慧，以及它融辣香、豉香、浓香、甜香为一体的味道美学，一直启迪着我深度探究这个菜系独步天下的调味绝技。鱼香味的无中生有，怪味的多元平衡，家常味的人世情怀……一种种味型，一道道菜式，三千川菜对我展开的，是比火锅江湖更辽阔和精彩的世界。但是，每当我烹炒麻婆豆腐或者水煮鳝鱼这类麻辣菜肴底料的时候，总会情不自禁生起对火锅的记忆。

以热攻热

在我的饮食生活中，让我最难忘的，依然是青春时代一个个夏天暴吃火锅的超爽快感。记得有一个夏天，几场大雨让火燎锅蒸的高温暂时退却了。然而，夏天还很漫长，有篇小说的名字叫《人民到底需不需要桑拿》，对于这种令人抓狂的桑拿，人民说，不要。遗憾的是，语言的清风也许可以降低某些头脑的发热，但对从天到地的酷暑，只是"宋江的军师——吴

子母锅，红汤和清汤的组合，可以照顾更多人的口味需求。摄影 / 吴学文

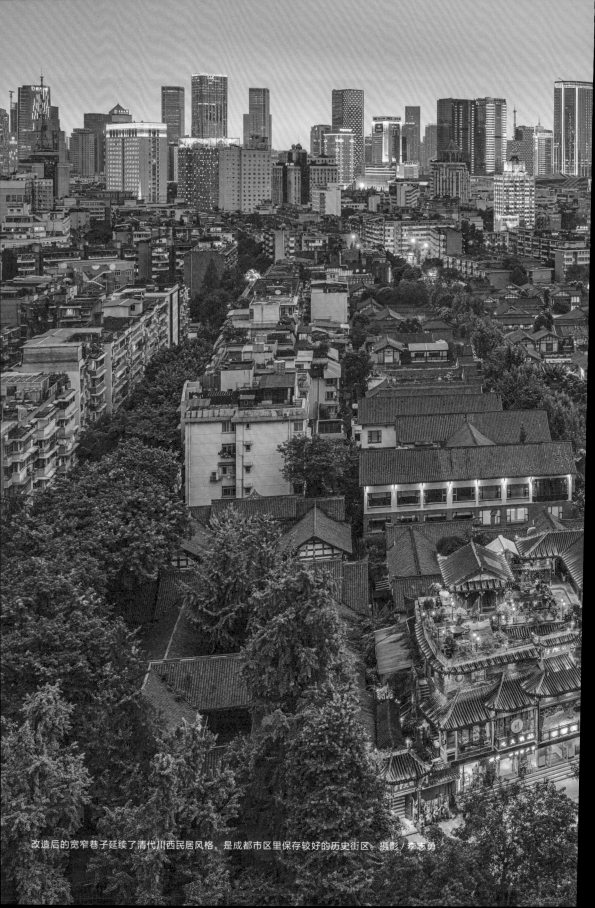

改造后的宽窄巷子延续了清代川西民居风格，是成都市区里保存较好的历史街区。摄影 / 李志勇

用"。如此蛮横无理的炎热中，我们依然要吃饭，要无可奈何地增加卡路里，使身体煎受炽热的内外夹攻。于是，我们企图在食物中找到一条清凉之路——荷叶稀饭、清炒苦瓜、白油丝瓜、冰镇绿豆汤，各种能够凉拌的瓜菜……

但是，无所不在的酷热，不可避免地从肌肤、毛孔，深入到血液和五脏六腑。那些清凉解暑、去火退热的菜肴，过分文质彬彬、温良恭俭让，最多能给我们一点点口舌间的安慰，像一个文弱的老师，在用娓娓细语，让我们在持续而且混乱的热旋中，不至于发疯。那一丝淡淡的凉意和清爽，无力逼退炎夏日的威胁，无法消解我们郁积全身的闷骚，无能平息我们的烦躁、焦虑和目眩头晕。被暴君般的夏天逼到死角的我们，要么把自己关进密闭的空调房里，如同把食物放进冰箱；要么转守为攻，奋起反抗，从饮食中杀出一条路来，让我们把盛夏之热的痛苦，变成老天爷预料不及的欢乐。于是，我们在热得难以忍受的时候，必须坚定地选择热辣沸腾的火锅。以毒攻毒，比热更热，既然盛大的夏天不可阻挡，那么，就让我们在火锅的酣畅中，与热狂舞。

火锅犹如饮食舞蹈中的热舞。在火锅中，人的美食欲望大面积裸露。于是，气息萦绕，各种食材在变来换去的旋转中肌肤相亲，唇齿间的火辣与香艳，把热变成一种梦想，一种幻觉。饮食之中，如果说饭菜是老婆（或者老公），火锅就是情人。在天天吃的饭菜之外，饱餐一顿火锅，如同一次特别的味觉刺激。把这样的激动与热烈放在夏天，把夏天带来的热度集中到滋味，所有的热，成全了我们最执着的饮食恋情。我常常想把这样的口号贴满火锅店的墙上："火锅甚于初恋""火锅中无淑女君子""大地在颤抖，天空在燃烧，让火锅来得更热辣些吧""火锅周围皆兄弟"……我们三天不吃火锅，犹如见不到情人一样失魂落魄；路过火锅店，仅仅是那气味，就足以让我们垂涎欲滴。面对火锅，我们的牙齿在胃里张开，我们的舌头从五脏六腑中伸出来。不是饿，是滋味的饥渴，是美食的欲壑难填，是在火锅的麻辣鲜香烫之中，在狂欢般的味觉享受中，把每一个夏天，变成饮食战火中的青春岁月。

在这样必须置于死地而后生的夏天，在这个美丽但如同火炉一样的城市，我和兄弟们经历了这一生中最幸福的火锅时光。几乎每一天的黄昏，我们都在街边简陋的火锅店坝子里。依然炽烈的阳光，刺射在我们光着的脊背和膀子上。看着锅里热浪鼓腾，大把夹着烫得辣乎乎的毛肚或者鸭肠，大口喝着让喉咙发烧的老白干，大汗从头到脚如雨淋漓。我们的身体变成了一盆火，丹田中的阳气被空前地激荡出来，所有郁积的、潜藏的、萎缩在身体中阴暗角落的湿毒、忧虑、小气以及莫名其妙，被打散，被瓦解。吃到高潮，偶尔一阵风来，便让人顿时觉得神清气爽，暑意全消。立身举杯，皆呼：痛快！心中一片难得的明亮和广阔。

成都望平街香香巷中聚集了各色餐馆，其中火锅店便是必不可少的一种。摄影 / 李志勇

四川盆地

SI CHUAN PEN DI

一口沸腾的鸳鸯锅

撰文·张小中 严弈

在这个星球上，几乎任何一个有中国人的角落，都会有川渝火锅——这一起源于中国西南地区的饮食，不仅早已遍及中国的大江南北，更随着移民、旅行者而遍布世界各地。有趣的是，虽然总是将川渝一同提起，但实际上，川渝两地有着迥异、自成一格的地理背景，并由此形成了充满差异却同气连枝的当地文化，而文化又在长久地影响着当地人的脾性、饮食、起居等。

川渝或者说成都和重庆，近些年在互联网上获得了巨大曝光，人们吃着麻辣沸腾的火锅，赞美都江堰的丰功伟绩，在鹤鸣茶社的躺椅上喝茶聊天，惊叹于重庆山城的立体魔幻。究竟是什么塑造了当今中国这两座红火、沸腾的城市？又是哪些因素让麻辣火锅机缘巧合地诞生在这里？

在这次"地道风物"的探索中，我们了解到"两大通道"和随之而来的重构，这可以让我们在纷繁复杂的线索中，建立起对四川盆地的一种认知，进而窥探到川渝火锅诞生之初的样子。

巴和蜀：封闭的四川盆地

天府成都，城市以环线向外扩张，市政道路宽阔笔直，岷江的支流府河与南河从城中流过。近年，沿河修建了不少图书馆、茶室和咖啡馆等小型空间，成了年轻人休闲娱乐的新潮打卡地。夜幕降临，在当地摄影师的推荐下，我们登上成都东面的龙泉山，向西远眺，目光尽头的余晖里是雪山壮丽的轮廓，而视线近处，万家灯火勾勒出城区平缓的天际线，提醒着我们，眼前这座时尚的城市建立在成都平原（也叫川西平原）之上。

山城重庆，受制于山川河流，长江与嘉陵江把重庆老城夹在渝中半岛之上。城市建设上天入地，道路七转八拐，穿楼轻轨成为年轻人热捧的看点。同样，我们在重庆当地摄影师的指引下，驱车前往

"南山一棵树"，一览渝中半岛的山城夜色。和在成都不同，我们目光的尽头看不到巍峨的雪山，只有一长条若隐若现的山岭，但我们眼前就是一座用建筑搭建的城市山林。山下崎岖的山路上流动着无数车灯组成的线条，长江之上的众多桥梁像通往山城的电流，没错，夜色中的重庆充满了科技感，她是立体且魔幻的存在。

城市样貌的差异仅仅是所在地理环境不同的外在表现之一，当地人生活方式、谋生手段的不同，人群性情的差异也与地理环境息息相关。俗话说"靠山吃山，靠水吃水"，西南大学历史地理研究所所长蓝勇教授认为："一定区域的饮食文化的产生、发展和其区域文化的文化传统、社会形态、生产力

春归的油菜花装点着四川盆地的沃土。摄影 / 谢可

众多高楼组成了重庆的城市山林，脚下是奔腾不息的长江。图 / 视觉中国

水平等因素有关，也与其区域的地理环境有着密切的关系。"而四川盆地恰是巴蜀文化、川食文化的地理背景，我们认识巴蜀，探究川渝火锅，也当从了解四川盆地开始。

四川盆地被大凉山、邛崃山、岷山、大巴山、巫山及云贵高原环绕，从而成为一个相对封闭的地理单元。翻越艰难的山地阻碍了人们的交流，进而形成了特色鲜明、区别于中原文化的巴蜀文化。然而，四川盆地本身也并非一处完整的平原型盆地，其内部还被南北走向的龙泉山、华蓥山切割为成都平原、川中丘陵和川东平行岭谷三大地理单元。

龙泉山以西是由岷江、沱江等河流冲积而成的川西平原，历史上是蜀文化的核心地带，也是成都市区的位置所在。这里河网密布、土地肥沃、灌溉便利，著名的都江堰水利工程就在这里。

在距今四五千年前，四川盆地西部进入上古传说时代。李白在《蜀道难》开篇写道："蚕丛及鱼凫，开国何茫然。"诗句中隐藏了四川盆地早期开发的重要历史："纵目而王"的蚕丛起源于四川盆地西北的岷山之中，是古蜀国第一任君主，三星堆出土的纵目面具有可能就是源于这样的祖先记忆与崇拜；鱼凫是其后的古蜀国君主。成都附近的三星堆、金沙等一些考古发现也表明，蜀文化很早就发展出了发达的农业和城市文明，温和典雅的文化特征浸润在蜀地人们的生活中。

华蓥山以东是独特的川东平行岭谷，30 多条平行的山岭将这片土地切割为若干山间谷地，历史上是巴文化的核心地带，今重庆城区便坐落于此。

生活在群山中的巴人，多少练就了一身攀爬的本领，而这一姿态被殷人记录了下来，成为最早的巴人形象。在甲骨文中，"巴"字就像一个弓身屈膝的人形，拥有着醒目的大长手。盆地以东的峡江

从龙泉山向西远眺，成都市区坐落在平坦的川西平原之上。图 / 视觉中国

地区，并不适合发展农耕，所以巴人长期以渔猎为生。他们生活在山地中，常要面临更大的不确定性，形成了更尚武的文化性格。

地理因素对文化性格的影响无疑强烈且深远，后世多称"蜀出相，巴出将"，成都和重庆城市性格的分野正是这一文化性格的延续。在对成都、重庆所做采访中，我们走访了成都人民公园的鹤鸣茶社、重庆的交通茶馆。成都的茶馆喜欢用矮矮的桌子和椅子，而且椅子要有靠背，靠背还得是半斜着的，可以半躺半坐。一杯三花茶，三五好友聊邻里八卦，成都人坐茶馆一坐就是一下午。而重庆茶馆一般是高方桌、高板凳，椅背直挺挺，又或者干脆是没椅背的长条凳。看一眼就会觉得，这是喝茶谈事的，不是给你安逸优哉消磨光景的。四川大学教授江玉祥认为："这是成、渝两类茶馆所反映出的两地人不同的性格特点和生活态度。"

蜀文化温和典雅，巴文化踊跃激烈，这些特征渗透到社会生活的方方面面。哪怕在秦汉以降的统一版图中，"巴蜀"早已合流为一支地方文化的代名词，其共通性远比内部差异更为令人瞩目，但地理环境的相对封闭，仍然为川渝各自保留下令人津津乐道的区域色彩。

虽说四川盆地四周被高山环绕而显得相对封闭，但不意味着这里与外界完全隔绝。位于四川盆地的巴蜀何时开始与外界交流，我们无法精确到分秒的时间点，但考古的细节向我们展现了一种可能——遥远如3000多年前的三星堆文化已经和外界有所联系。三星堆文化初始阶段，可从陶盉、觚形杯中看到中原二里头文化的元素，有学者认为二里头文化是"经由鄂西长江沿岸传入四川的"。而彼时，巴蜀人改造自然的能力受到了生产力水平的局限，利用自然进而形成通道是他们身处四川盆地

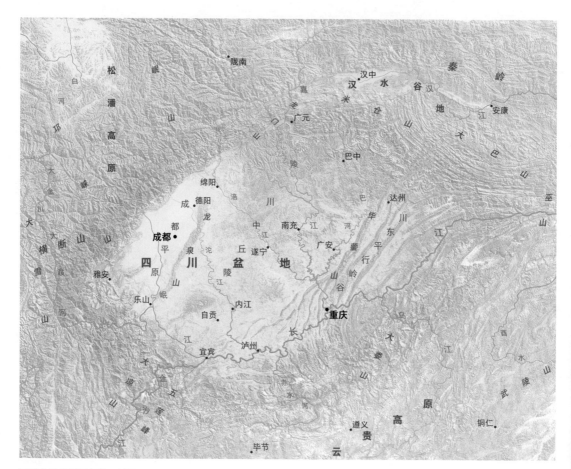

四川盆地地形示意图。制图 /monk

向外交流的首选。

在盆地的各个边缘有与其他地理单元交流的众多通道，比如连接川陕的蜀道，连接川甘的藏彝孔道，连接贵州的五尺道，连接云南的西夷道等，还有一条重要的水路——长江。当我们以中华核心区文明传入为主视角来审视四川盆地时，与其他通道相比，蜀道和长江就显得格外重要。

蜀道穿越秦巴山地，经由陆路，连通着四川盆地和秦岭以北的关中地区。而在更广阔的地理视野中，四川盆地与关中平原被秦巴山地隔绝，令中国的南方、北方由此分野。然而秦巴山地划分的远不只地理单元，还有人们的饮食口味。

秦岭中海拔 1000 米以下的山地是花椒的原产地之一，四川是最早且最热爱使用这一辛香料的区域。花椒又名"川椒""蜀椒"，也足见这一辛香料与川地的深刻绑定。齐梁时的陶弘景说："蜀椒出蜀都北部，人家种之。"当时，在四川地区种植花椒已经非常多见，生长于秦岭上的蜀椒，塑造了延续千年的蜀地饮食风尚。而《华阳国志》中有一句精妙的评断至今仍被引用不绝：蜀人"尚滋味""好辛香"。

四川"好辛香"的口味历史，主要就是以蜀椒为特色风味，并且注重口舌上的感官刺激。另一面，如果从"尚滋味"这一现象去回溯蜀人的过往，我

秦岭是中国南北分界线，古老的蜀道穿梭其中。摄影/吴俊瑞

们会发现这背后是蜀地长达两千余年物质和文化的积淀，是富饶的四川盆地所诞生的、传承至今的生活态度。

蜀道时代

2017 年 12 月 6 日，西安到成都的西成高铁全线通车，全程 658 千米，3 个多小时便可到达，可谓"早上西安肉夹馍，中午成都吃火锅"。而因"安史之乱"逃蜀避难的唐玄宗，经由蜀道翻越秦巴山地到达成都，却花了月余时间。西成高铁穿越秦岭山区的线路总长 135 千米，桥隧里程 127 千米，此段桥隧比高达 94%，现代科技让"难于上青天"的蜀道变成坦途。然而，就是曾经如此艰难的蜀道，在千年的时间维度上影响着四川盆地的政治、文化和经济动向。

有学者认为，不同地理单元的边缘地带，往往是人类社会物质与文化的交流地带，也最容易形成交通往来的道路和文化交融的走廊。蜀道，就是连通四川盆地和关中平原两大地理单元的走廊。交流的脚步从未停歇，如果说遥远如蜀地三星堆文明的对外交流是一些"细枝末节"，那么第一次重塑巴蜀的要数秦国。

战国末期，巴蜀之地上响起了秦统一六国的前奏，"得蜀则得楚，楚亡而天下并矣"。当时，秦惠文王采纳了司马错的建议，将战略扩张从原来的向东伐韩、挟天子以令诸侯转为向西南伐蜀。于是，秦军从金牛道南下，在葭萌关大败蜀军，随后，蜀国被灭。后秦军乘胜追击，将苴、巴纳入麾下，巴国被灭。经由蜀道发生的这一场战争，重新定义了"中国"的边界。

巴、蜀相继被秦灭之后，四川盆地作为战略大后方，扼守长江通道上游，为秦国"统一战争"提供充足的物资，在中国第一次形成统一国家的宏伟历史中，扮演着举足轻重的角色。秦的最终统一也推动了大规模的人口流动：一方面，来自秦的移民大举进入四川盆地，蜀国王室被迫南迁；另一方面，为了加强中央政府的控制，巴蜀地区成为六国贵族的流放贬谪之地，使得这一时期的四川成为中原文化的传播之地。

这一时期，来自中原地区的官员与移民是川地大发展的人口基础。蜀郡太守李冰来自山西运城，他在岷江进入成都平原的入口处修建都江堰，极大解决了四川盆地的旱涝困扰。

岷江在进入成都平原之后，经由都江堰分水形成一片巨大的扇形河网，这一河网不仅是上千年来行之有效的水利灌溉体系，而且与成都平原上易于耕作的砂黏土相结合，是成都平原沃野千里的奥义。与此同时，都江堰的修建，也在其他方面隐藏着一些令人意想不到的戏剧性细节。郫县豆瓣被美食家誉为"川菜之魂"，是川渝火锅底料中不可或缺的调味品。郫县豆瓣的非遗传承人张安秋向我们描述了都江堰无形而强大的影响力："郫县豆瓣的制作过程就离不开来自岷江的水源，更细微的影响也投射在空气

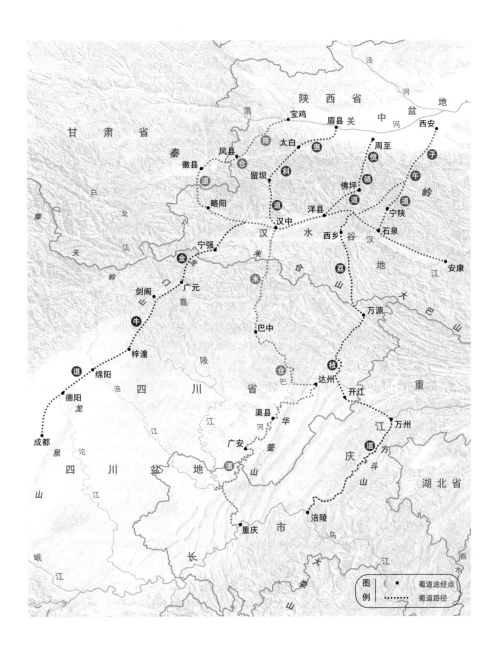

蜀道线路示意图。目前普遍得到认可的蜀道共有七条，分别为：子午道，自子午关（今西安），西至汉中，南达安康；傥骆道，由关中周至进山，至洋县傥水口；褒斜道，由关中眉县斜谷进山，贯穿褒斜二谷；陈仓道，由宝鸡越大散关，至汉中；荔枝道，北通子午道，入西乡越巴山，至涪陵；米仓道，翻越米仓山，至重庆；金牛道，由今陕西勉县西南行，经宁强入川道路。制图 /monk

湿度上——都江堰的建设改变了郫县一带的小气候，这里相对湿润的气候条件最适宜于豆瓣酱的发酵。"

　　秦国统一六国后，直到唐朝晚期，关中地区都是中国政治、经济和文化中心。由此，通往首都区域的蜀道就像一条连接帝国心脏的动脉，支撑着中央政府对西南地区的统治能力。长期以来，青藏高原和云贵高原是中央王朝难以探索和控制的区域。所以，四川因地利之便，成了中央王朝征伐或羁縻大西南的基地。尤其到了唐代，西藏是吐蕃势力范围，云南是南诏势力范围，四川盆地的得失影响着整个中国的政治进程。此时，蜀道成了进出四川盆地最重要的通道。

　　如此重要的区位，成都作为四川盆地的核心，一直都是中央政府倾力打造的政治、经济和文化中心，让"天府之国"的称号更加实至名归。"安史之乱"后，唐玄宗和唐僖宗曾离京迁蜀避难，不仅因为蜀地和关中联系紧密，也因为成都平原的相对封闭和富饶让帝王觉得可以倚仗。

　　丰富的物产、繁荣的经济和相对稳定的环境，使成都平原已经发展到"无寸土之旷"。具有"尚滋味"特点的蜀人，把成都打造成了一个重要的全国饮食中心。在唐代，有"扬一益（益州或成都）二"的说法，"川食"成了在全国各地具有影响力的饮食流派之一。而且，蜀人继承了魏晋宴游的风俗，并在前人基础上发展得更奢华备极：韩琦在《安阳集》中称"蜀风尚奢，好遨游"；前蜀富商赵雄武家中设宴，"事一餐，邀一客，必水陆具备"。为了满足大量且多样的宴游需求，有关食店应运而生，产生了"万里桥边多酒家"的盛景。蜀人"尚滋味"的性格特质和川食文化的繁荣，可谓是相辅相成。

　　关中地区和四川盆地通过蜀道的频繁交流，是通道和人口对四川盆地的重构。这种重构，不仅给四川盆地带来了中原文明和人口，也通过修建都江堰完成了对岷江水系的改造。之后的两千余年，都江堰推动了成都平原上的农业发展，提供了"蜀人尚滋味"的物质基础，成为塑造川地饮食文化的重要奠基石，也为成都长期占据四川盆地中心城市地位发挥着关键作用。

　　然而，我们讨论蜀道之于四川盆地，尤其是对成都平原的通道价值时，并不意味着长江通道被完全忽视。四川盆地处于长江上游，顺流而下则江汉、江南危矣，故有"欲取江南者，必先取巴蜀"的说法。从前述秦国要完成统一大业必先灭巴蜀的实例可以窥见，早在先秦、秦汉时期，长江通道就有重要的意义。

长江时代

　　川渝火锅的主要味型是麻辣，对现代川菜和川渝火锅来说，辣椒是十分重要的辛香料，而它便是通过水路而来。在 16 世纪末，原产美洲的辣椒通过海运抵达中国的东南沿海，起初是因"可观"而被当作盆栽。后来，

都江堰是一项伟大的水利工程，并荣登世界文化遗产之列。摄影 / 张铨生

从滨海的江浙出发，辣椒溯长江而上，经由江西、湖南等地传入四川。

从秦汉至元明，全国各地的饮食中都不乏花椒的身影。据蓝勇教授的统计，从北魏至明代，菜谱中使用花椒的比例呈上升趋势，唐代达到37.1%的高值，到明代时也有惊人的29.7%，远远超过今天的水平。但这一趋势在清代以后便迅速退潮，正与辣椒的"入侵"有关。在清朝中期以后，长江成为"川味"成形的重要通道，本土的花椒与外来的辣椒，在四川盆地碰撞出令人舌尖震颤的火花，麻与辣从此合流，成为川菜中的重要味型。至现代，麻辣几乎成为川味的代言。所以，我们想理解麻辣味型的川渝火锅，理解长江便显得十分必要。

四川盆地西缘处于中国地势第一阶梯到第二阶梯的过渡地带，四周高山林立、雪山众多，让四川盆地成了河网密布之地。起初，造船技术并不发达，且长江水流湍急、峡谷纵横，并不适合频繁的航运。所以，在人们利用长江的早先阶段，有经济让位于军事的现象。

到隋唐时期，长江航道的经济性逐渐增强，陈子昂曾言："蜀为西南一都会，国家之宝库……人富粟多，顺江而下，可以兼济中国。"把蜀地的经济价值描述成"可以兼济中国"，可见当时的四川盆地和长江水道在经济上已然很重要。

然而，长江对于四川盆地价值的迅速上升，还要看两宋时期。北宋建都开封，南宋建都杭州，中国的政治中心从关中平原，先转移到黄淮平原，又转移到江南地区。而经济重心也从北方转移到了南方，尤以江南最为富庶。无论是基于经济需求还是政治考虑，蜀道的重要性渐让位于长江。

作为长江水运的节点性城市，重庆借由水路区位优势发展起来，堪称"水陆冲衢，商贾云屯，百物萃聚"，是西南地区商品贸易流通的枢纽。东部各省的货物，四川的粮食、木材等商品，汇聚在重庆：向东到两湖、江南地区，向南到贵州地区，向西直入四川盆地腹地。

尤其到了明清时期，湖广地区已经发展成为全国主要粮食产地，与湖广的往来成了四川对外交流的重点之一，四川盆地内部的发展重心从川西转向川东。随着重庆的发展，最终在四川盆地形成以成都和重庆为双中心的分布格局，并且一直延续到今天。

值得一提的是，在明清时期，与重庆毗邻的贵州一改长期以来的羁縻统治状态，被正式纳入中央政府管辖。160多万来自江南和中原的汉族移民涌入贵州，加强了中央政府和四川盆地的联系。由重庆南下遵义至贵阳，成为四川与贵州的重要通道。另外一面，贵州的商品也需要到重庆，通过长江转运到全国各地，加强了重庆作为长江水运枢纽城市的地位。

湖广和四川盆地的联系，因为长江通道经济价值的提升，到了明清时期更为紧密。甚至于，在四川发生人口骤降的巨变下，湖广人口移民入川成了一种必然的选择。被美食家誉为"川菜之魂"、川渝火锅必不可少的另一种调味品——郫县豆瓣，相传与湖广的移民运动有关。

明末，张献忠以成都为都建立大西政权，明军与大西军、大西军与清军之间的长期交战，给四川带来了漫长的梦魇。王夫之在《永历实录》中记载："献忠之在蜀也，杀掠尤惨，城邑村野，至数百里无人迹。"在战争结束之后，一场庞大的移民运动被迅速提上日程：康熙三十三年（1694年）正月，皇帝颁布《招民填川诏》，在中央政府的集结下，来自湖广及东南各省的大量移民进入四川，史称"湖广填四川"。

战争损耗及随之而来的移民运动，几乎重构了今日川渝的人口组成。《成都通览》中记载，"现今之成都人，原籍皆外省人"，在其给出的具体统计数据中，湖广占25%，河南、山东占5%，陕西占10%，云南、贵州占15%，江西占15%，安徽占5%，江苏、浙江占10%，广东、广西占10%，福建、山西、甘肃占5%。湖广移民数量位居第一，四川"原住民"已被压缩到近乎可以忽略的地步。

在清初浩浩荡荡的移民浪潮中，相传有一位名叫陈益兼的移民携家人入蜀，随身携带的蚕豆因途中遭遇连日阴雨而生霉，但在晾晒后拌以辣椒、食盐，反倒因此打开了新世界的大门。陈益兼最终定居郫县，这一源于意外的经典调料也被后人命名为郫县豆瓣。也正是在这一时期，现代意义的川菜逐渐成形，郫县豆瓣成为这一初创阶段不可忽略的重要因素。

在庞杂的历史背景中，辣椒和郫县豆瓣其实只是关于川味饮食的两个案例。

"湖广填四川"为川渝地区带来了极为复杂的移民来源，这一人口基础不仅极大地丰富了本地的饮食，也在彼此融合中孕育出包容、达观的四川精神。长江和移民塑造出全新面貌的川渝，却也在其中埋伏了巴蜀文化遥远的面容。回想秦举巴蜀，在其故地分设巴郡（治江州，今重庆）、蜀郡（治成都），这一伏笔游走千年——巴蜀之间的冲突与融合，至今仍在重庆、成都的双城演绎中源源不断地提供趣闻和竞争动力。

人群生存的地理空间制约着人们的生活方式，塑造着人群的性格特质，也诞生了独特的饮食文化。成都对于川菜的重要性不言而喻，而重庆显然是随着长江区位优势后来居上的——这座山城是毛肚火锅（麻辣火锅）的诞生之地，而毛肚火锅也成为现代川菜中最受欢迎也最具标志性的代表之一。我们从复杂的历史细节中寻找线索：长江水运枢纽，繁忙的码头货运，众多的码头工人，和贵州的商贸往来，辣椒的引入，湖广移民等，都将是我们接下来一窥毛肚火锅诞生之初样子的必要条件。

在川渝地区的学者看来，毛肚火锅的起源问题众说纷纭，主要有泸州、自贡和重庆三种说法，重庆一说得到了多数学者的认同。

郭同耀主编的《重庆民俗概观》一书中记载："清末民初，重庆江边的码头工人在收工之余，围在一桌置火炉、架铁锅煮卤汁、下杂菜烫热着吃，这种饮食方式是为重庆火锅原初形式。"文学大师、翻译家李劼人，在民国时期曾到重庆工作生活了两年。他在《风土什志》上发表了关于毛肚火锅起源的文章，他认为毛肚火锅起源于重庆江北码头。而关于重庆毛肚火锅最早的记录者，可能是抗日战争时期逃难而来的"下江人"：1938年，

重庆交通茶馆，人们坐在长条凳上喝茶、打牌、聊天。摄影／胡晓平

当时已经迁移至重庆出版的《南京晚报》副刊上，曾记录了本地人食用毛肚的习惯："冬季最宜，要紧是多洗几次，吃时不可久烫，而且香料要浓。"

　　火锅多被认为是流行于北方满蒙地区的饮食形式，但全国各地也有其独特的形式。乾隆六十一年（1796年）举办的"千叟宴"就是一场盛大的火锅宴；慈禧太后也对菊花火锅非常痴迷。清朝中后期，许多来自北方的官员履职西南，这一富有北方特色的饮食方式也随之引入。有记载表明，成都人在道光十六年（1836年）就吃火锅了，此时的火锅是筵席上的一道道菜品，比如圆子火锅、鸭血火锅、猪羊杂火锅等，但这些都不是目前川渝地区最流行的毛肚火锅。

　　从一般性的北方火锅到重庆特色的毛肚火锅之间，还存在着食材演替的过程。重庆地处川东平行岭谷，山岭间的平地可以发展为传统的农耕区域。

在农耕文化中，牛是重要的生产资料，除非老牛、病牛，否则鲜少成为餐桌上的主角。事实上，重庆火锅中的毛肚，大部分来自南面的贵州山区。在1926年的《重修南川县志》中有记载："贵州边境牛为土产大贸，由邑过道往重庆以上者，络绎不绝。"贵州并非农耕重镇，黔牛又是重要的土产，自贡盐井中的役牛便多是来自贵州，而大宗菜牛也通过渝黔古道输入重庆。

　　另一方面，重庆作为长江枢纽城市，在清代已经发展为商贸重地，各地商人、三教九流在此汇聚，对不同饮食习惯的接纳程度自然远高于其他城市。自元末以来，回民不断迁入重庆，乾隆至嘉庆年间抵达高峰，也使重庆逐渐形成了食用牛肉的特定族群和长期固定的屠宰场所，食牛的饮食习惯也慢慢在汉人中传播，这一趋势成为培育"毛肚爱好者"的一个社会背景。

成都人喜欢带有椅背的竹椅，半躺着喝茶，消磨光阴。摄影 / 杜宁

重庆是码头城、港口城，有众多船工、纤夫、挑夫、力夫等从事体力劳动的码头工人。有研究表明，1930 年至 1940 年间，被统计在册的码头工人数量占据重庆市工人总数的 50%。肉类消费本是一项高昂的负担，选择在麻辣汤底中"烫着吃"毛肚，价格低廉，口味很重，适合码头上的这些"下力人"，这是毛肚火锅诞生的必要消费群体。

从地理环境、文化传统到生产消费体系，毛肚火锅在重庆的诞生之路可谓环环相扣。在中国的各大菜系中，川菜是具有"平民精神"的菜系，它对普通百姓饮食需求的洞察与满足，对普通食材发挥出的想象力与创造力，正是其魅力所在——从毛肚火锅发展而来的川渝地区的麻辣火锅，正是这一平民精神的结晶。毛肚火锅，也是长江时代送给重庆的一份大礼。

川渝火锅：地域文化塑造的美食

虽然众多学者认为毛肚火锅的起源地在重庆，但泸州、自贡的两种说法依旧值得我们去探究。我们无意去辨识历史的对错，但各种传说、立场和民间故事背后，是人们有意无意描绘出的麻辣火锅这种美食与在地文化、地理、人口等要素的一种连接。

四川省商业经济研究所主任李乐清编著的《四川火锅》一书中指出，四川火锅起源于泸州小米滩，主要食客是船工。2009 年，《华西都市报》刊登的《请把火锅起源地还给自贡！》一文，指出麻辣火锅起源于自贡，主要食客是盐工。

各种起源说用了不一样的称谓来称呼火锅：四川火锅、麻辣火锅和毛肚火锅，其实都是指发源于清末民初的、麻辣味型的、涮烫吃的火锅。我们对比三种起源说，不难看出，它们起码有两种十分相似的"证据"因素：重庆、泸州和自贡都是大山大河之城，具有相似的地理特点；麻辣味型火锅的食客起初都是"下力人"，是船工、盐工以及码头工人等。

如果和这三座城市相比，作为"天府之国"的成都则不具备这两种"证据"因素。但纵观麻辣味型火锅的百年发展史，成都也并没有缺席，毛肚火锅早在民国时期就传到了成都，并开始有了不小的变化。

李劼人在《漫谈中国人之衣食住行》一文中，对重庆毛肚火锅传入成都有这么一段描述："最初只是如此，其后传到成都（1936年），便渐渐研几极精，而且渐渐踵事增华，反而比重庆做得更为高明。"李劼人用了"研几极精""踵事增华""高明"等词汇来表示重庆毛肚火锅到了成都之后变得更精致、华丽和高大上了。

民国时期，成都有一家毛肚火锅店叫"好莱坞"，相比重庆的"一四一""不醉不归"等火锅店，这名字在当时算得上十分洋气。在夏天，这家火锅店为了降低环境温度，在火锅火炉外围了一个洋铁皮做的夹层圆筒，夹层中注满了冷水，以便隔绝炉火的部分热度。成都人不要光着膀子吃火锅的汗流浃背，成都人想在"好莱坞"里吃得舒适。成都人讲究安逸、巴适的生活，重庆人更朴素、敦厚，从巴蜀走来，虽然人口经历过巨变，但地理和文化对人们性格特质的塑造，却保留着如一的惯性。

重庆火锅传到成都后，为了适应当地人的口味，而进行了本土化改造，逐渐演化出有别于重庆火锅的成都火锅。重庆火锅有的只用牛油，有的是用牛油和其他油品的混合物，但牛油依旧占据主体；而成都火锅多采用混合油，清油用量提升，牛油用量显著减少。重庆火锅的汤底用的香料较少，只有辣椒、花椒、姜、蒜等几种；而成都火锅汤底使用的香料种类很多，有的甚至多达二三十种，比如辣椒、花椒、姜、蒜、小茴香、丁香、八角、肉桂等。有人开玩笑说，成都火锅用了这么多种香料，像是在熬中药。江玉祥教授更是打趣说："这是成都人爱养生。相比于重庆火锅，成都火锅的汤底减油减辣，变得温和是一种本土化的必然。"

四川旅游学院川菜发展研究中心主任杜莉教授认为："由于地理、气候、物产等自然环境和社会、经济、文化等人文环境的不同，各个地区和城市都会或多或少地形成不同的餐饮文化特色与风格，并且拥有体现这些特色的独特菜点品种。"人类的饮食不是简单地满足生理需求，人们选择性地赋予饮食以地方文化内涵，将饮食打造成自身群体文化的一种外在表达。重庆火锅和成都火锅的发展，就是其不断与本土文化相结合的过程。

在农业社会结构下，成都平原的自然条件明显优于重庆的山地峡谷。两千年来，成都也一直是四川盆地的政治、经济和文化中心，财富的积累和文化的积淀，让成都人有更多的精力去研究"吃"这件事情。《隋书·地理志》中曾说，蜀地人"性嗜口腹"，这种基因也遗传到了今天。当重庆毛肚火锅遇到"尚滋味"的蜀人后，发展出一片更为广阔的天地，成了川菜里可以"自立门户"的重要门类。成都人将在"川食"里积累的经验，

四川盆地的热烈与温情，就好似一口巨大的"鸳鸯锅"。摄影 / 阿游

运用到重庆毛肚火锅之上，加速完成了麻辣火锅从小众独爱到大众皆喜的转变。尤其在麻辣火锅商业扩张方面，成都贡献了不低于重庆的力量。

曾经接纳移民的四川盆地，在改革开放后，因为三峡工程、本地人外出务工等原因又大量向外移民。在这一过程中，娱乐产业、餐饮业等成为最具代表性的"川渝面孔"，而走出去的川渝人也把家乡的饮食习惯带到了世界各地，川菜成为中国最有影响力的地方菜系之一，川渝地区麻辣味型的火锅也席卷全国，成为一种流行餐饮。

也许暗合了中国人喜爱热闹的传统，没有什么比聚桌共享的火锅更能体现彼此的信赖、亲密与热忱；也许是一日千里的经济发展带来巨大的精神压力，使得嗜辣成为日趋流行的解压风尚；也许因为火锅本身就是一种质朴、直白的饮食方式，它如此平民、草根，没那么多审美门槛和历史负担……总之，

川渝火锅从此出发，渗透进每一个有中国人的角落。

从更宏观的历史或地理视角看，四川盆地也许就是一口永不止歇的"鸳鸯锅"，它始终如火锅般热气沸腾，始终如火锅般包容万物，每一位火锅旁的食客都能找到自己钟爱的那盘涮菜。

火锅商业史

亲历川渝

QIN LI

40年

撰文·二毛

据我所知，麻辣火锅的起源和商业售卖都开始于重庆。20 世纪 20 年代，重庆江北的街头就有沿街叫卖的麻辣火锅。这时，火锅还是流动摊贩手中的小买卖：商人挑着担子，一边是小桌子小板凳，一边是烧炭的小炉子和一口盛着麻辣汤底的锅，要是有人吃涮毛肚，就放下担子，边涮边吃，毛肚按片收费。

麻辣火锅从街边进入店堂，是在 1920 年左右，这时已经有了火锅店的概念。专营火锅的饭店越来越多，我还能查证出名字的就有"一四一老火锅"，在较场坝的"白乐天"，在临江门的"云龙园火锅"，在五四路的"不醉不归"，还有"桥头火锅店"。

我出生在重庆酉阳，不仅爱吃火锅，也经营过几家火锅店。别人问我哪里的火锅最好吃，麻辣火锅肯定是在川渝当地吃最好。我一直觉得人体的感官是互相影响的，你的味觉、听觉、视觉和嗅觉，和川渝当地的地理、人文因素综合在一起，给了吃麻辣火锅一种独特的体验。麻辣火锅就是一种传承百年的川渝味道。

小店里的小生意

改革开放后，各行各业都在摸索中发展，餐饮业中的火锅也不例外。20 世纪 80 年代初期的重庆火锅依旧是小本买卖，店铺不大，很多干脆就开在自己家里，也就几张桌子。不少后来发展起来的火锅品牌在这个时候进入市场，比如创立于 1982 年的"重庆小天鹅"，开在重庆渝中区八一路上，刚开始也是小本生意，16 平方米的店里就 3 张桌子、3 口锅。80 年代初期，成都有一家"朱魏火锅"，算是成都最早的麻辣火锅店之一，是重庆人魏玉景和一位姓朱的合伙人一起开的，就在东大街靠近盐市口附近，也是一个不大的店铺。

80 年代初期的火锅业就是小店面、小生意，零零散散还不成气候，这是众多因素相互制约造成的。一来，大家工资不高，下馆子是一笔不小的开销，消费需求不高；二来，各种食材短缺，毛肚还是少数的主要涮品之一，供给不够丰富；三来，改革开放初期，各种物资匮乏，比如当时火锅的主要燃料煤油，还要用煤油票去买，数量有限。随着社会经济的发展，供给的物资逐渐丰富，消费者手中有了余钱，这种局面在 80 年代中后期发生了显著的变化，火锅店迎来了一波升级潮。

吃火锅一度是"高档消费"

1986 年，我和诗人李亚伟合伙在酉阳开了一家火锅店，这不仅是我人生中开的第一家火锅店，也是酉阳这个小城的第一家火锅店。那个年代的大部分人，对开店做生意并没有多少概念，我也不例外。当年，只要有朋友来我家聚会，我就做麻辣火锅吃。久而久之，朋友们都说我做的火锅好吃，不如开一家火锅店吧。就这样，我的毛肚火锅，还起了一个在当时看来特别时髦的名字——OK 火锅。当时来我们店消费的大多是附近工地上的建筑老板、包工头：一盘毛肚高达 6 块钱，只有他们才有这个消费能力。这时候，吃火锅俨然成了一种"高档消费"。

记得有一年我从重庆到成都旅游，当地朋友带我去很火爆的一家店——热盆景。那个年代吃火锅不仅是一种潮流，请客吃火锅也是相当有面子的一件事。早期的热盆景开在新南门桥头，是租借了当时成都霓虹灯厂的几间平房改造而来的。晚上过去的时候，远远地就能看到一个巨大的霓虹灯牌，"热盆景"三个字闪闪发光。火锅店里里外外全是人，店外的街上都摆了好多桌。两个人在热盆景能吃到

三五十块钱，相比一月不过六七十块的工资，吃顿火锅堪称奢侈。

后来，更大的"高档风"在成都刮起。

1990 年，小天鹅在成都衣冠庙附近开设分店，独占一栋三层小楼：一层是自助式火锅；二层采用包间模式，是商务宴请的首选；三层装修时尚，有模特走秀，有年轻男女翩翩起舞，食客们可以一边涮火锅一边欣赏歌舞。小天鹅在成都将火锅和歌舞相融合，打开了火锅业的一个新模式，轰动川渝。

1991 年，做蚊帐生意起家的成都市第一个百万个体户——"杨百万"，在成都万年场开了一家高端火锅店，叫"狮子楼"。高端到什么程度？这是首次在火锅店内安装上了空调。狮子楼不仅在装修上追求高端，服务更是在川渝火锅界前所未有：有服务员给你递热毛巾擦手；有自己的车队来接送顾客，司机戴着白手套。

小天鹅将火锅与歌舞结合，狮子楼将火锅与服务结合，从成都古皇城坝起家的"皇城老妈"，深受成都在地文化的影响，将火锅和成都文化相结合，找到了另一种高端火锅差异化经营策略，传承至今。当时，皇城老妈在小河街开了一家三层楼的火锅店，在楼顶还做了皇城坝的造型设计。至此，成都形成

"高凳子、低桌子"是民国时期的一种现象。插画 / 半毫米

20 世纪 80 年代初，火锅店一般都是小店面。插画 / 半毫米

了小天鹅、狮子楼和皇城老妈三强鼎立之势。"高档"一度成为火锅的代名词。

重庆火锅这种充满了江湖气的东西，到了成都之后慢慢变得规范化、诗意化，乃至于高档化，这其中的深层原因就是两地文化的差异。俗话说"蜀地出相，巴地出将"，成都人将在川菜等餐饮中的深厚积累，包括文化包装、装修、摆盘和服务等，移用到火锅之上，让从平民中而来的麻辣火锅摇身一变，"野路子"变成了"正规军"。如果说重庆是麻辣火锅的诞生地，那么麻辣火锅就在成都完成了成人礼。

火锅的野蛮生长

1992年，我在重庆开了当时第一家冷锅鱼火锅，名叫"鱼摆摆"。1997年，我去成都后还是和火锅打交道，开了一家"川东老家"，以鸡杂火锅为主，牛杂火锅、青菜牛肉火锅等为辅，是冷锅鱼火锅的一种延伸。成都当时很多的艺术家、文化人都喜欢到我这里吃饭，何多苓喜欢我的牛杂火锅；白夜酒吧老板翟永明喜欢我的鸡杂火锅和我炒

的土豆泥；阿来喜欢我的番茄牛肉火锅和青菜牛肉火锅……

我在成都开了4家鸡杂火锅直营店，跟在我后边开的其他鸡杂火锅至少有40多家。那时候，火锅市场经过这么多年的发展已经很繁荣，川渝也不仅仅是麻辣火锅的天下，各种类型的火锅层出不穷，比如我做过的鱼火锅、鸡杂火锅、牛杂火锅；主打鱼头火锅的"谭鱼头"也是90年代后期起家；1992年在指挥街口开业的"芙蓉国"，排骨火锅已经做得风生水起；1997年在双林路开业的"川王府"，是成都第一家大型自助火锅超市，"扶墙进、扶墙出"成了一时口号；"大白鲨"是成都第一家主打海鲜的自助火锅超市，在成都这个内陆城市算是很"洋"气了。

麻辣火锅从重庆起源，到成都发展后，已然有了两种鲜明的分支，我们姑且分别叫作重庆火锅和成都火锅，两者之间是有差别的。就拿最基本的底料来说，重庆火锅用的牛油多一些，当然也混了一点猪油和菜籽油；但成都火锅的牛油用量就显著减少，清油比重上来了。底料里香料的区别也很大，重庆火锅的锅底除了用花椒和辣椒等少数几种，很少加其他香料；但成都火锅用的香料种类很多，有

热盆景火锅曾是成都最火热的火锅店之一。插画 / 半毫米

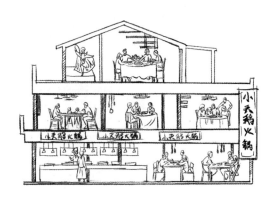

1990年，小天鹅在成都衣冠庙附近开设分店。插画 / 半毫米

的多达二三十种。其实在菜品上也有些小差异，比如拿我每桌必点的大葱来说，重庆上桌的葱有半尺长，而成都的葱一般都会切成两三寸的长度，重庆的葱看着豪迈，成都的葱看着就雅致多了。

这些差别的产生，是麻辣火锅适应本土改造的必然结果，是消费者需求在火锅市场上的真实反映。需求的多样化造就了火锅的多样化。这种多样性不仅体现在麻辣火锅味道的分支上，也体现在火锅这个品类的丰富性上：麻辣之外，川渝地区各种鸭血火锅、肥肠火锅、鳝鱼火锅、腰片火锅等以食材为分类的火锅在各地开花；火锅的味型也不仅仅限于传统的红汤九宫格，清汤锅、鸳鸯锅、鸡汤锅等越发多样；吃火锅的场景也在丰富，开间、包间和开放式自助火锅都在蓬勃发展。

此时的川渝，皇城老妈、热盆景、小天鹅等品牌依旧经营强劲，一些新生力量——德庄、秦妈、刘一手等重庆火锅，蜀九香、老码头等成都火锅——在逐步进入火锅市场。川渝火锅，这种从平民中而来的美食，经过短暂的"高档化"之后，在市场的繁荣下，又再次走向平民，从"高档消费"回归到大众消费。这是供需关系反转的结果，也是火锅的宿命。

"特许经营"是把加速器

我在北京生活时，有段时间经常喜欢一个人到簋街去吃火锅，觉得特别过瘾，那家火锅店叫"孔亮火锅"。其实，孔亮火锅在2002年带来的"8632"，曾经震撼川渝火锅界。

经过90年代的野蛮生长，火锅店越来越多，市场趋于饱和，竞争逐渐白热化。2002年9月，陈孔亮的"孔亮鳝鱼火锅"在成都新鸿路开业，同时打出超低价的经营策略，荤菜8元或6元一份，素菜3元或2元一份，简称"8632"。当时在成都火锅里，荤菜10~15元、素菜3~6元是常见价格。在市场压力下，众多火锅店不得不跟进"8632"，此后的几年，火锅市场的竞争大多聚焦在了价格战上，收购与合并成了常见的话题，不少品牌在"8632"带来的震动中倒下。

在"8632"风波中，刚创建没几年的重庆刘一手火锅，不仅没受影响，反而迅速扩张，接连开了几家店，这得益于刘一手采用的"特许经营模式"，或称作"特许加盟模式"。特许经营是指特许者不仅将其拥有的商标授权被特许者使用，而且将其拥有的商店标志、店名、经营方式等授权被特许者使

20世纪90年代火锅在川渝两地野蛮生长。插画／半毫米

2002年后，成都火锅界出现了一段打折潮。插画／半毫米

用，被特许者拥有特许者整个经营模式的经营权，并向特许者支付相应的费用。重庆小天鹅首先引进了"特许经营理念"，开启了"特许经营之路"。之后，这种理念被越来越多的重庆品牌火锅采用，"特许经营"在2000年后成为品牌火锅扩张的重要手段，让品牌火锅有机会迅速占领全国市场。

加盟是把双刃剑，有先天的优缺点。优点是，火锅本身非常适合标准化，加盟可以加快资金流动，快速占领市场，加速扩大品牌影响力；缺点是，加盟店如果不按照合同经营而自己胡来，那可能会严重损害品牌声誉。我开的"川东老家"，成都直营了4家店，成都之外还有十几家加盟店。我记得有家加盟店为了节省成本，底料和食材都不按照我的要求来做，找了其他更便宜的渠道，导致火锅的口味和品质大幅度下滑。

"老油"的红与黑

再后来，川渝火锅界发生了一件关于"老油"的大事，我认为可以算作麻辣火锅发展史上的一个重要分界线。

"老油"就是将使用过的火锅锅底先进行沉淀，随后把上层浮油取出，消毒后再沉淀精炼而成。火锅"老油"在川渝地区曾是"公开的秘密"，并且部分人认为，"老油"由于反复烹煮，油红色亮，烫出的菜品味道浓厚纯正，火锅味道更好。

2009年，我国第一部食品安全法《中华人民共和国食品安全法》颁布并实施。根据2018年修订版第三十四条第一款的认定，"用回收食品作为原料生产的食品"为禁止生产经营的食品。"老油"到底是否违法，在社会各界，包括火锅行业内都存在争议：一种意见认为火锅老油属于传统工艺，不算违法；另一种意见认为，老油确实是回收后又给其他顾客，确实违法。

直到2011年7月，央视的《消费主张》报道成都"重庆老堂客火锅店"回收顾客吃剩的火锅底料制售老油，首次明确地将"老油"与"地沟油""黑心油"等同，社会各界不能再对"老油"秉持模糊态度。这在川渝火锅行业内就像一次地震。

时任成都餐饮同业公会执行秘书长的袁小然认为，出于卫生及食品安全方面的考虑，"老油"这一传统，已经到了非改不可的时候，她认为"火锅必须革命"。当年四川火锅业发起了"摒弃'老油'

"老油"风波后，许多火锅店开始使用一次性锅底。插画 / 半毫米

现在年轻人吃火锅，拍照必不可少。插画 / 半毫米

运动"，大部分火锅店承诺使用一次性锅底。

随着"老油"风波的发酵，在麻辣火锅业内产生了新派和老派两种分支，前者选择一次性火锅底料，后者坚持"老油"火锅。绝大多数品牌火锅店明确声明放弃"老油"火锅，全面使用一次性底料；另一些更加本土化的火锅店，专注于本地食客，选择走传统路线。

我觉得放弃"老油"是一种必然趋势，整个社会在工业化，我们必须尊重工业化的一些手段和规则，其中就包括食品安全。对于大公司来说，要面对的是全国食客，而不是某一地的。但另一方面，我觉得也不能一刀切，毕竟"老火锅"也不是天天吃。我认为"老油"是一种传统食俗，就像我们卤菜的卤汁就是一种老汤。锅底用了过后处理干净再吃，我不反感。我曾想如果是用公筷去火锅里夹菜，也许能更好地权衡这个问题。

味道是条及格线

最近几年，各路资本、明星、网红涌入火锅行业，在移动互联网的加持下，火锅业呈现爆炸式发展。国家统计局和中国饭店协会的数据显示，2019 年中国火锅市场总收入达 9600 亿元左右，占当年中国餐饮市场总收入的 20% 之多。中商产业研究院的数据显示，2020 年中国火锅企业排行榜的 TOP20 中，一半以上是以麻辣味型为主的川渝火锅。

我一直认为，在中餐里，火锅非常适合标准化生产，所以火锅也最容易规模化扩张。影响火锅口味的因素，最主要的就是底料和食材，只要供应链统一，完全可以做到不同地方同一口味。但目前很多急速扩张的火锅品牌，明显是打错了主意，用很大力气在宣传上，而放弃了对味道的深入经营。做火锅餐饮，我觉得首先要有情怀，要对味道本身有与生俱来的敬畏，这才是做得长久的基础。做大做强的那些品牌，他们首先对味道是有敬畏的，在保证味道的基础上，再从经营差异化上寻找适合自己品牌的商业发展路径。

无论火锅 + 互联网、资本、明星、网红，抑或是别的什么，味道都是我们做火锅餐饮的一条及格线。

编辑手记："地道风物"团队在川渝地区做火锅调研的时候发现，火锅很适合规模性扩张，几十年来火锅业态的蓬勃发展也证明了这一点。若想较为全面地认识川渝火锅，商业视角是必不可少的一环。于是便想到邀请二毛先生来撰写一篇"第一视角"的文章。二毛先生是土生土长的重庆人，不仅十分爱吃火锅，而且，从 1986 年开始，先后在重庆、成都、北京等地开过数家火锅店，其中不乏商业化十分成功的品牌。在这篇文章中，他以自身经历为线索，探讨了川渝火锅在不同时期的商业发展特点，还涉及火锅商业化过程中遇到的一些问题，比如对"老油"问题的探讨。通过他的视角，我们得以一窥川渝火锅商业发展 40 年的某些瞬间，虽然也许只是川渝火锅商业历史的冰山一角，但也足够精彩。

经过多年发展，火锅目前已有子母锅、奔驰锅、鸳鸯锅、九宫格和四宫格等各种锅型。

插画 /Lanski

当我们说火锅的时候我们在说什么？

麻辣火锅起源于哪里？

关于麻辣火锅的起源，众说纷纭，主要有三种说法：

其一，自贡说。认为自贡盐业发达，因而病死的老牛牛肉和下水丰富，诞生了涮吃牛肉和下水为主的麻辣火锅。其二，泸州说。传言麻辣火锅发源于小米滩船工的餐饮中。

这两种说法多见于传闻，并没有翔实的史料支撑。

01 当我们说川渝火锅，我们在说什么？

"川渝火锅"这个词组，在不同的语境下可以有不同的含义，主要有两种。

其一，可以指"川渝地区的火锅"，是从地理概念上对川渝地区所有火锅的一个统称，包括麻辣火锅、非麻辣火锅；主题食材火锅（肥肠火锅、鸡杂火锅、鱼火锅、兔火锅等）；串串、冒菜、麻辣烫等一切在川渝地区可以称作"火锅"的菜品。

其二，可以指川渝地区火锅最主要的代表——"麻辣火锅"，有了麻辣火锅的雏形。1949—1946年昌条巷串串香，成了沿街串串的"水八块"，合子立燙方火锅涮涮的吃法和北方火锅吃法结合，成了沿街串串的方火锅涮涮方式墓。

其三，说麻辣火锅发源于清末时期的重庆。当时重庆的商贩将船工的"干船肉"吃法和是重庆火锅和成都火锅的统称。

月的《南京晚报》中所载的《毛肚火锅源流》一文中有所印证。

重庆火锅和成都火锅有什么区别？

按照吃法的方式可将火锅、冷锅串串、串串香，前者由食客在餐桌上自涮自烫，后者由厨师会在厨房烫熟后再端给食客食用。和麻辣串串类似，冒菜和冷锅串串也属于川渝地区常见的火锅类美食品。

麻辣火锅从重庆起源，传入成都后，为了适应当地口味，也逐渐演变出成都风味，成为具有成都特色的成都火锅。重庆火锅和成都火锅都是麻辣火锅，它们之间的主要差别在汤底的构成。

关于汤底中的油品：重庆火锅有的只用牛油，有的是用牛油和其他油品（如菜籽油）的混合物，但牛油占据主体；成都火锅多采用混合油，清油用量提升，牛油用量显著减少，也有少量店只用清油。

关于汤底中的香料：重庆火锅用香料较少，只有辣椒、花椒、姜、蒜等几种；成都火锅使用的香料种类很多，有的多达二三十种，比如辣椒、花椒、姜、蒜、小茴

民俗学者江玉祥总结了火锅的三种含义：一是围炉而食的进餐方式；二是就涮汤投进鱼肉蔬菜等食材，即烫即吃的烹调方式；三是一种特殊的菜品名称。符合三者定义的，可以视作火锅。

川渝地区火锅种类非常丰富，除了以成都、重庆火锅为代表的麻辣火锅，还有不少非麻辣火锅，比如宜宾高县的"土火锅"和凉山会理的"铜火锅"。

以主要食材命名的火锅，也是川渝地区一大火锅门类，如近些年流行的简阳羊肉锅和乐山跷脚牛肉，还有鱼火锅、兔火锅、鸭血火锅、腰片火锅、鸡杂火锅等。

串串也是川渝地区常见的一种火锅，并囱肉、鸭肉、豆干、藕片、魔芋、蘑菇、香菜、笋片……参差不齐。

四 川渝除了成都火锅、重庆火锅和川渝地区的火锅，还有什么地区的火锅？

（五）麻辣火锅对川菜有什么影响？

首先，川菜中的江湖菜（渝派川菜）有很多菜品的味型、制作方法直接受麻辣火锅影响。例如邮亭鲫鱼、烧鸡公、毛血旺等，这样一批用料大胆、口味厚重的江湖菜在20世纪90年代掀起了一阵消费风潮，也在一定程度上打破了当时略显保守沉闷的川菜市场，助推川菜出川，给全国消费者留下了深刻的印象。

此外，麻辣火锅本身属于川菜，走出川渝成为全国最受欢迎的火锅品类后，它极为刺激的麻辣味型进一步巩固了消费者对川菜味型的刻板印象——麻和辣。因此在一定程度上，它过在事实上已经完成了从广义到狭或地名加以限制以示区分，'吃火锅'，'吃火锅'的转变。

六 当我们说火锅时，我们说什么?

"火锅"从字面上传达了两个信息：有火，有锅。这种加热食物的饮食方式在各地有各种不同的名称，例如北京的涮羊肉，广东的打边炉、贵州的酸汤鱼，云南的野生菌汤锅等。

但从川渝地区扩散而出的麻辣火锅改变了"火锅"这个词的内涵。2017~2018年的行业报告显示：川渝火锅品类占据了火锅行业64%的市场份额；2020年中国火锅餐饮集团20强中就有11家来自川渝地区，还不包括目其他地区发家的麻辣味型为主的火锅企业。可见，麻辣味型在火锅行业中具有统治地位。

川渝火锅强势的现状，使得日常生活中"吃火锅"这个词已经多为专指"吃川渝的麻辣火锅"，其他地域的火锅类型一般会用特色食材"品牌的辣火锅"。

——刊在遍川渝的"富丰的指本羹川"于强更的势发发展也知道和来也于强势的发展和知道来。

摄影 / 吴学文

CHAPTER 02

川渝火锅的灵魂

发酵　泡椒

醪糟

大葱

二荆条　酯化反应

豆瓣酱　益丰和

麻婆豆腐

工业化火锅底料

辣椒　好辛香　牛油

嗜辣风潮

蜀姜　花椒

食茱萸

花椒与辣椒

HUAJIAO

LAJIAO

味道的历史

历史

撰文·曹雨

麻辣是当代川菜以及川渝红汤火锅的突出特征，主要味觉来源分别是花椒与辣椒。花椒是中国本土物产，原产自秦岭一带，辣椒则来自遥远的中美洲，经历了不同发展旅程的两种作物，最终跨越山海，结合成今日中国人最熟悉的味道。

古籍中说蜀人"尚滋味""好辛香"，可是辣椒在明代中后期才传入中国，此前数千年的历史中，蜀人是靠哪些食物来满足辛香喜好的？辣椒传入后，又是如何与本地辛香料结合，重塑川渝饮食的？物种交流的背后，是一段社会文化演进的辛香之旅。

辣椒传入之前，蜀人如何好辛香？

"尚滋味""好辛香"，语出东晋常璩编写的《华阳国志》，蜀人追溯食辣传统，总免不了对它引经据典。但很少人追究这样的描述是不是写实。

常璩本人对这句话的解释是，"其辰值未，故尚滋味；德在少昊，故好辛香"，意思是蜀人的饮食习惯是由地理位置决定的。这种地理不是山川、气候、物产，而是一种基于易学的世界观。在中国传统文化中，五行、五味、五方、五色，乃至五帝都有对应关系。四川地处西南，以十二地支的对应是"未"，西方属金、尚白、德配少昊（五帝之一），对应的五味则是"辛"。

五味的对应实在有些牵强，南方人未必很喜欢吃苦味食物，东方人也不一定爱吃酸。辛对应白、金，这是辣椒传入以前，如果放在今天，保不齐会改成与红、火对应起来——看看川、湘菜馆子的装潢配色就明白了。然而，常璩的解释并非毫无意义。它提示我们，味道从来不只是一种物理上的体验，它被文化阐释，又反过来影响文化的形成。

在常璩生活的时代，蜀人喜欢吃辛香味强烈的食物应该是事实。今人重视常璩的描述，却是因为

当下的四川人喜欢吃辣，需要追溯悠久的文化传统。辣和辛还有一些区别，"辣"是辛字旁，意思是特别"辛"。那么问题来了，辣椒传入之前，蜀人食谱里有哪些辛香，又是不是特别"辛"呢？

"好辛香"首先要具备辛香的条件。中国是个辛香料大国，原产自中国的姜、花椒等，其重要产地之一便在四川。在先秦古籍中，常以"姜韭"来指代辛香料，唐代贾公彦更是直接在注解《礼记》时写下"姜即辛也，盐即咸也"。既然姜代表了"辛"，那我们就先从姜说起。

如今四川地区虽以辣椒为主要辣味来源，姜也还是用得不少，比如姜汁豇豆、仔姜兔这类的名菜。在川菜的 23 种味型中，"姜汁味""鱼香味"都有比较明显的姜味。一切都源自姜在蜀地悠久的种植传统。《吕氏春秋》中有"和之美者，阳朴之姜"，说的是蜀郡阳朴地区产的姜能够调和食物的美味。西晋左思《蜀都赋》中也提到了蜀姜——"甘蔗辛姜，阳蘘阴敷"，意思是甘蔗长在阳光下，蜀姜种植在背阴处，指的大概是比较嫩的白姜，四川乐山的沐川白姜千余年来一直是当地名产。时至今日，

花椒原产自中国，辣椒传入中国以前，古籍文献中的"椒"一般指的就是花椒。图／图虫·创意

川渝地区的人们喜欢把辣椒称作"海椒"，辣椒粉称作"海椒面儿"，暗示着辣椒舶来品的身份。图/图虫·创意

辣椒和姜混合使用仍是川南的特色调味手法，在自贡菜中有明显体现。

　　四川还是花椒的重要产地。花椒原产于秦岭一带，明代以前的古籍提到的"秦椒"或"蜀椒"，一般指花椒。战国时代，秦椒和蜀椒是秦国的重要贸易品。战国前期，秦国与山东六国相比，物产居于劣势。但自从秦国征服了古蜀国以后，物产极大丰富，花椒贸易在很大程度上缓解了秦国对六国贸易的逆差。

　　花椒是为数不多可以干燥保存的本土产辛香料之一，便于长途运输和久存，因此在传统中国菜肴中有着特别重要的作用。在北宋以前，羊肉是中国人主要的肉食来源，那时候中国的人地矛盾还不甚突出，有较多不适宜耕种的土地可以牧羊。在传统的中国食谱中，烹调羊肉必备的辛香料就是花椒。直至今日，这个传统还保持得很好，川菜的羊肉汤锅、陕菜的水盆羊肉、豫菜的羊汤，都是以花椒为主要调味料的。

　　现代汉语中，花椒、胡椒、辣椒，只有花椒是指原来的"椒"。从《说文解字》的记载来看，当今"椒"字的古字有两个——"椒""茮"，"椒"指整株植物，"茮"专指其果实，即今谓"花椒"者。"椒"的特点是多为乔木，枝干有刺，果实有辛辣味。辣椒有些特殊，其为草本植物，成株状态为灌木。上古文献中乔木与灌木的区分明显，乔木用木字旁，灌木用草字头。胡椒、辣椒都是外来辛味植物借用了"椒"的名字，大概是因为辛辣相通的缘故。

　　此外，茱萸也是古代中国人重要的辣味来源。茱萸盛产于蜀地，因此也叫"蜀枣"。《礼记·内则》中有"三牲用藙"，三牲是猪、牛、羊，藙是古代的辣油。《说文解字注》说用茱萸子实一升和十升动物油脂就可以做出"藙"。用藙来蘸猪、牛、羊肉吃，跟今天辣椒油的用法有异曲同工之妙。由于茱萸辛辣，在古代有辟邪的文化价值，王维的名句"遥知兄弟登高处，遍插茱萸少一人"，背景就是九月九日重阳节时，人们依据习俗要在头上佩戴茱萸，辟除恶气，抵御初寒。茱萸虽辣却有苦味，所以当辣椒传入中国以后，茱萸的地位很快被取代，如今除了一些中药药方，很少能看到茱萸的应用了。有趣的是，辣椒也部分承袭了茱萸辟邪的文化功能。

"胡""番""洋"：外来农作物化作中国风味

　　除了本土的辛香料，大量异域辛香料的引入不断丰富着中国人的餐桌。农史学家石声汉教授曾对域外引种作物名称做过分析，认为凡是名称前冠以"胡"字的植物，大多为西汉至西晋时由西北引入；冠以"番"字的植物，大多为南宋至明时由"番舶"引入；冠以"洋"字的植物，大多是清代以后引入的。

　　外来农作物进入中国有四波高潮。第一波是张骞"凿通"西域时带回

花椒原产于秦岭一带，又称"秦椒"。时至今日，花椒仍是当地名产。图 / 视觉中国

辣椒 & 花椒小百科

二荆条
四川特有辣椒品种。椒身细长，椒尾呈 J 状。鲜椒多入川菜，也可腌制发酵做泡椒、豆瓣酱。干二荆条辣度低、香味足、上色好，成都火锅中使用较多。

石柱红
重庆特有辣椒品种。颜色鲜艳、辣味重、油分含量高、籽粒少，常见品种为 1、3、5 号，辣度依次递减，多供应给重庆火锅底料的制作。

印度 S17
在国内常常被误称为"印度魔鬼椒"，多产自印度南部的安得拉邦。椒形较长、辣度高、性价比高。近些年国内餐饮行业大量从印度进口干制 S17，需求量非常大。

内黄新一代
"新一代"指新培育的朝天椒品种，其中以河南安阳市内黄县所产最为出名。椒身较短、颜色红亮，具有辣味高、产量大的特点，多用在火锅底料中和其他品种辣椒相搭配。

子弹头
多产自贵州，椒身短小，呈锥形，状如子弹。辣度、颜色一般，但香味浓，多搭配其他品种的辣椒以调节香度。

灯笼椒
椒身偏圆，状如灯笼，辣度低、香味浓，一般用作菜品提香或装饰。

摄影 / 吴学文

四川茂县大红袍

柚皮风味，初闻有浓郁的柚皮香味，入口木腥味上冲，苦味明显，后有回甜感。麻度高到强，麻感偏尖锐的粗中带硬毛刷感。

四川汉源花椒

橙皮风味，初闻有爽而浓的橙皮香味，入口白皮苦味明显，后有橙皮甜香味。麻度高到极高，麻感偏细中带粗的毛刷感。

陕西韩城大红袍

柚皮风味，初闻有浓柚皮味并带藤腥味，夹有木香味。入口后苦味、涩味中等，后有回甜感。麻度中到高，麻感偏粗毛刷感。

重庆江津青花椒

青柠檬皮风味，初闻有浓缩的柠檬皮味和凉爽花香。入口后有浓郁而清新的柠檬皮味，并夹杂藤腥味和苦涩味。麻度中等，麻感偏明显的粗毛刷感。

云南昭通青花椒

莱姆皮风味，初闻有莱姆皮香、草香。入口为清新带凉感的莱姆皮香，夹杂苦涩和藤腥味。麻度中上到强，麻感偏细密刺麻感。

四川眉山干藤椒

黄柠檬皮风味，初闻有偏沉的柠檬皮香、藤香及少许木香味。入口有爽香黄柠檬皮味，后期有淡橙香味和回甜。麻度中到高，麻感偏粗中带细毛刷感。

大量外来物产，如胡荽（芫荽）、胡蒜（大蒜）、胡桃、胡麻（芝麻）、胡瓜（黄瓜）、苜蓿、葡萄等。第二波是唐代置安西都护府，外来物产经由唐帝国保护的丝绸之路来到中原，也有部分经由海路从泉州、广州等港口进入中国。这一波引进的外来物种有菠菜、西瓜、茉莉花、丁香、豆蔻、胡椒、阿月浑子、胡萝卜等。这两波引进的外来物种大多带有"胡"字。

第三波是在明代中后期，这个时期是航海大发现时代，大量的农作物被欧洲人带回亚欧大陆，中国也很快得到了这些物产，包括辣椒、番茄、茄子、马铃薯、番薯、菠萝、玉蜀黍（玉米）、番豆（花生）、葵花、南瓜、腰果、豆角、烟草等原产于美洲的作物。这一波进入中国的外来农作物多带有"番"字。而清代以后进入中国的外来作物多带有"洋"字，如洋白菜、洋葱、洋蓟等。

从传入方式看，前两波高潮是经由陆路，后两波高潮则是经由海路，这与世界格局由陆权转向海权密切关联。前两波外来农作物传入中国以后，中国北方是最先接触到这些外来作物的区域，后两波外来农作物传入中国则以中国南方为传播的起点，从这里我们也可以看到中国经济重心从中原向江南的转移。

宋代以来，海上贸易大兴，中国大量地接触到来自东南亚的辛香料，如胡椒、丁香、豆蔻等，但是由于气候的原因，一般只能作为外来的贸易品输入而难以在中国本土栽培。

但辣椒就不一样了。

辣椒大约在明代中后期通过海路传入中国，最早登陆浙江、广东。据当时的贸易情形，很可能是旅居东南亚的华人最早接触到辣椒。明代中后期江南、岭南皆盛行造园，造园的富家常委托海商寻求域外的珍品花草，辣椒很有可能是被当作奇花异草引进的。虽然辣椒一开始在中国并不充作食物，但其辛香的特质还是很快被人们所发现，如明万历年间，杭州高濂在《遵生八笺》中写道："番椒，丛生，白花，子俨秃笔头，味辣，色红，甚可观。子种。"明确提及番椒的辣味。彼时，富庶的东南沿海地区并未形成食辣的风尚，辣椒传入内陆后，其辛辣特质终于在严重缺盐的贵州大放异彩。

随着清初"康乾盛世"人口的大量增加，中国各地的人地矛盾越发紧张，可耕土地开发殆尽，人们严重缺乏副食。在这种情况下，中国饮食开始呈现出以大量咸菜佐餐的高度农业内卷化风格。腌制咸菜当然需要盐，而中国长期实行官盐专卖，明清两代更是实行了"盐引"制度，给盐叠加上多重税收杠杆，使全国盐价奇高。在这样的背景下，贫苦的南方山区农民不得不在盐以外另寻"下饭利器"，辣椒借此机会于清代中期在中国南方山地大肆扩散，成为了当之无愧的头号辛香料。

重庆市石柱土家族自治县，农民正在翻晾辣椒。石柱辣椒皮薄肉厚，辣味重，油分含量高，备受追捧。摄影 / 吴学文

征服四川：麻与辣相遇

四川人自古以来好用辛香料，辣椒传入四川后，随即与姜、花椒等传统调味品产生了奇妙的化学反应，造成了四川菜以麻辣为突出味型、兼重各种辛香味型的特色。四川盆地对外交通不便，历史上有"蜀道难"之称，与外省的物资交流相对较少，容易形成独立的饮食风格。辣椒和花椒恰好都适合在四川种植，且辣椒种植成本较低，因此迅速成为当地人首选的辛香料。

至晚在嘉庆年间，辣椒已迅速在蜀地扩散，金堂、华阳、温江、崇宁、射洪、洪雅、成都、江安、南溪、郫县、夹江、犍为等县志中均有辣椒的记载。道光年间的《城口县志》记载了来自贵州的"黔椒"："俗名辣子，以其味最辛也，一名海椒，一名地胡椒，皆土名也。有大小尖圆各种，嫩青老

赤，可面，可食，可腌以佐食。"这段话是中国吃辣起源于贵州的一个佐证，另外还说明了辣椒可以磨成粉，可以直接吃，也可以做成泡菜吃，这是泡椒的最早记录。

四川的移民历史给了辣椒扩散的机遇。明末清初，四川发生了大规模的瘟疫和战乱，造成人口急剧减少。清政府在政局稳定、战乱平息之后，于康熙三十三年（1694年）发布了《招民填川诏》，大规模招募湖北籍、湖南籍、江西籍、广东籍移民入川。自康熙后期到乾隆初年，先后有数十万各省移民进入四川，带来了复杂多样的各地饮食风俗和物产，然而四川的地理条件又使得移民们不得不改变自己的饮食习惯，物资运输入蜀的艰难令移民难以买到原来惯用的调味料和食材，只得借鉴四川原居民的饮食文化，价廉物美的辣椒和花椒迅速成为移民饮食的主流。"尚滋味""好辛香"的原蜀地

居民饮食文化特征，迅速被外来移民所接受。清末文人徐心余的《蜀游闻见录》记载，当时的四川人吃辣椒要挑最辣的吃，"每饭每菜，非辣不可"。

正如常璩以四川地处西南，对应易学中的金、白、辛，来解释蜀人何以喜好辛香食物一样，辣椒也很快进入了人类围绕自己的各种行为编织的"意义之网"。蜀人为自己的食辣风俗提供了各种解释，其中流传最广、在当代社会文化中影响最大的，莫过于"祛湿说"。

口味与气候：蜀人的意义之网

气候造就了一个地方独特的物产，也造就了人们独特的文化理解。正如成语"蜀犬吠日"所描绘的景象，四川多云雾，偶见太阳破云而出，犬竟受惊吓而向日狂吠。蜀地阳光少，湿度大，冬季湿冷，夏季闷热。蜀人喜好辛香浓烈之物，最初也许不过是物产所致，然而历经千百年的文化加工，辛香之物被赋予了繁杂的文化隐喻，食用辛香之物也成了一种复杂的文化行为。

一个有趣的现象是，相较于北方的"寒夜当炉"，川渝地区的人们也喜欢在闷热潮湿的夏季吃火锅，辣得龇牙咧嘴，畅快淋漓地出一身大汗，燠蒸之感一扫而光，才叫个神明清爽。追问缘由，除了满足口腹之欲，往往就会说是冬天驱寒，夏天祛湿。蜀人长期以来将潮湿视为健康的头号大敌，在他们的观念中，食用热性食物有助于应对外界的"阴湿"。

这样的观点离不开中医对辣椒的认知。在中医理论中，几乎所有具刺激性味道或气味的植物都被认为是热性的。清末，四川名医郑钦安创立的中医流派"火神派"，特别注重"阳气"，大量使用附子、干姜、肉桂等热性药物。"火神派"将许多医家认为是"阴虚""湿热"的症候辨认为"阳虚阴盛"，采用"扶阳"的方法治疗。比如说口腔溃疡、牙龈肿痛等"上火"症候，"火神派"认为是阴寒偏盛导致的虚火上浮，需要扶阳来压制"阴火"。

辣椒被平铺在地上晒干。红辣椒不可在烈日下久晒，否则会晒伤、褪色，破坏品质。摄影 / 吴学文

　　然而，同样气候潮湿的岭南地区却是中国"最不辣"的地区之一，特别排斥辛热食物。岭南的中医流派通常将"湿邪"分为"外湿"和"内湿"，"外湿"指外界因素的"湿"，包括气候潮湿、屋宅低洼潮湿、梅雨季节、淋雨涉水等；"内湿"指由脾肾阳虚、运化水液功能障碍引起的体内水湿停滞之症。岭南医家特别强调"内湿"，认为辣椒等热性食物会伤害脾肾的运化功能，导致身体更难排除"湿邪"，因此偏向于使用"平""凉"性的食物和药物去调节脾肾，最显而易见的例子就是岭南人饮用凉茶的食俗。

　　从川渝和岭南两地中医文化观念的对比上，我们可以看出文化观念有强烈的弥合生活习惯的特性——喜欢吃什么，就给自己找几种合理的解释。川渝人喜欢吃辛热的食物，因此多以"扶阳"说法来合理化自己的饮食习惯；岭南人不喜欢吃辛热的食物，因此多以"内湿"说法来给自己不吃辣椒找理由。且不论中医理论在自然科学的角度是否为真，将本地气候与吃辣习惯联系起来，从而对自己吃辣的行为产生正面的解释，这种思维在心理意义上是积极的。

　　当麻辣火锅突破传统的地理区域，扩散到全国，"寒""湿"也许不再是主要的祛除对象。快节奏城市带来的烦闷之感，人际关系的冷漠淡薄比"寒"更寒，拥挤逼仄的居住环境比"湿"更湿，吃一顿畅快淋漓的麻辣火锅，满头冒汗，解压释放，心情舒爽，正是这个时代祛除城市生活"寒""湿"的不二法门。

夏日的重庆，人们在火锅店外的摊位上吃得畅快淋漓，都市生活的紧张与压力随之一扫而空。摄影 / 吴学文

中国

辣椒革命

LA JIAO GE MING

撰文　石光华

　　川人自古好辛味，东晋的《华阳国志·蜀志》中那句"尚滋味，好辛香"，一说川菜古事，就把它拿出来作证。白纸黑字，言之凿凿，苍茫华夏，似乎唯巴蜀尚辣。其实，古楚之地，也是要吃辣的。长沙马王堆出土的饮食记载中，就有葱、姜、韭、花椒、茱萸这些辛物。不过，四川也好，湖南、湖北也罢，那时候的辣，都不是来自辣椒。那时，中国人还不知辣椒为何物。现在，我们知道了，古人六味苦、酸、甘、辛、咸、淡中的辛，即辣，主要靠食茱萸的果子。

吃辣不见辣

　　川人好辛味，或者通俗些说，辣、辛辣，可以文献追溯的，就已经有上千年的历史。然而，如此长久又如此广泛的口味习惯，却一直没有孕育出被主流文化认同和接受的饮食风味系统，甚至，鲜见于文字。我不知道，这种现象，在世界饮食史上是否很另类。我知道的是，三香五辛之中，有辣味的姜蒜虽是广用，但也主要用它们特有的香味，少有取姜蒜之辣的用法。真正担当起出辣之任的食茱萸，好像也就小老百姓们经常吃着。一句话，在古代四川，虽然喜欢吃辣的人民漫山遍野，而且，一代又一代吃得欢欢喜喜，但是，当官的，有文化的，讲面子的，那是不怎么吃的，更鲜有大张旗鼓吃的。

　　这其中不仅有口味的偏好，更隐藏着中国饮食文化对不同阶级的深远影响。在中国古代，儒家思想在整个社会尤其是文人、士大夫中，占据统治地位。自《论语》的"食不厌精，脍不厌细"到各种"不食"，再到孔子对颜回生活方式的推崇，士大夫、文人对餐桌礼仪和饮食方式的追求可见一斑。

　　民间吃了多年且深受喜爱的辛辣味，为什么被官老爷们、文大爷们一代又一代坚决拒绝呢？文无所载，史缄其言。我妄自猜测的原因是，辛辣非正味，不合君子本道。中国文人信守的是温柔敦厚的中庸之道，含蓄、内敛、平衡、温润；即使是道家，也是冲淡虚无，清静无为。这种深入骨髓的观念，落到饮食上，味道便有了正邪之辨，有了贵贱之分。辣味，过分刺激、张扬、刚猛，谦谦君子们如何敢乱了口舌的章法和礼数？更怕辛辣味的炽烈坏了来之不易的那点温良恭俭让。于是，甜咸为主，酸苦次之，辛辣味，是断断不敢吃的。

　　这是一种被主流文化压抑千年的大味。虽然，美食在民间，但饮食文化的话语权，却始终在孔子、老子的徒子徒孙手上。被他们忽略、蔑视的味道，就只能苟且于草野，偷生于底层。

　　汉唐以来，川食兴隆，一时间，天下"扬一益二"，但却鲜有辣味菜肴留名于今。饮食的主流，始终是咸鲜、咸甜和甜麻。喜辛辣，似乎一直是川渝人味道中的千年偷欢，难以在饮食谱系中名正言顺。究其原因，我猜想，除了文人对辣的拒绝和忽略之外，另一个原因，可能是所食的辣物，或辣味不正，或香味不纯，以辣为名，却无辣之风骨，实在担不起成名菜、定经典、在中华料理登堂入室的

泡椒是四川人对辣椒进行乳酸化的伟大改造。摄影 / 吴学文

大任。例如，味道辛辣的食茱萸，辣且辣也，却有苦味。为了吃一点心心念念的辣，就必须忍受涩口之苦，想来，祖先们嘴里的味道还是不太好的。而我们把不太好过的日子和生活，叫作辛苦，是否就是从食茱萸的辛而苦得来的呢？

好辣的巴蜀，无正辣定味，如何去与盐之咸、糖之甜、醋之酸平分味道的江山？花椒的独麻，又如何撑得起一出风味大戏的台面？川人多年的食辣史，虽有一些古文献中断断续续的只言片语让我们窥探，但更大的可能是，辣，在某种意义上，只是底层百姓味道中的苦中作乐。野生的茱萸和贫贱的草民，以一种因卑微而隐秘、又因低贱而坚韧的方式，存活于漫长的饮食岁月之中。草芥之人、之物、之味，不足见大人先生们的经传。我想，可能这就是四川广大而悠久的民间辣味，一直没有能够登上中国饮食主流文化的历史舞台，形成古代川菜辣味风味系统的隐秘之一吧。

辣椒的味道革命

终于约 300 年前，万里之外的辣椒，几经转折，来到了巴山蜀水。已经日渐暮气的古中国，错过了开启近代文明的大航海时代，却没有错过大航海带给世界的辣椒。并且，这小小的辣椒，激活了一种古老风味全部的辛香基因，与花椒相见恨晚，饮食之恋的浓情蜜意，创生出最开放、最有活力的现代川菜。这也许又是历史的另一种补偿，历史那一只看不见的手，可能一直在背后，悄无声息地烹调着我们的饮食。

辣椒传入中国，崇山峻岭围蔽的四川，应该是后至之地。其一路走来，在许多地方，都深刻地影响和改变了当地的饮食风貌。中华饮食几千年，很少有一种食材，以己为界，把这么广袤的山河，划分成不同的地区。只有辣椒，这个带有侵略性和征服霸气的外来者，虽然只是小小一根，却从此将天下三分：不辣的，微辣的，重辣的。有一个问题，我经常陷于苦想。中国喜欢吃辣椒、可以吃辣椒的地方那么多，而且，很多地方，比四川吃得早，吃得多，更吃得狠。"不吃辣椒不革命""不吃辣椒非男人""不吃辣椒不吃饭，不吃饭也要吃辣椒"……只是听听这些话，我这个从小吃辣的四川人，就肝胆冒汗。那么，为什么川菜是以辣终成一系？为什么是川辣红遍中国？

也许，是因为川人自古好辣，辣椒入川，如鱼得水。也许，以川菜自豪的人会说，是因为川菜善用辣椒，尽辣之变，尽辣之妙，天下无出其右。但是，湘黔之辣，同样多型多变，手段与花样之丰富，不让巴蜀半分。苦思之惑，直到近年重新研学川菜，才觉得隐约窥见了解惑的门径。细数今日中国辣风盛行之地，巴蜀以外，辣椒还是辣椒。虽然，他们也极尽烹饪变化之能事，以各自的风格演绎出众辣的精彩。其中一些辣味的料理，几近巅峰，可称一绝。如湘之香辣、鲜辣，黔之酸辣、油辣、煳辣，川厨见

众多经典川菜少不了豆瓣酱的身影，而辣椒是豆瓣酱中必不可少的辅料。菜品拍摄于红杏酒家。

摄影 / 吴学文

之，当抱拳致礼。但是，他们基本上还是对辣椒的直用，即使有他味的融入或者手法的调配，辣椒之变，始终只是物理学意义上的改变，归根结底，用的依然是辣椒的本味、本辣。所以，无论它与当地的饮食习惯结合，产生了多少风味特色和变化，依然是世界辣椒原味食用版图的延伸，很当地，但不够中国。如果川菜用辣椒也是如此，那么，不过是在这张巨幅的食辣地图上，多了一个可有可无的地区而已。

辣椒进入四川以后，慢慢地和花椒结合起来，创生了与其他食辣地区不同的辣味，这就是麻辣。后来的近现代川菜，以麻辣为特色，形成了卓然独立的辣味风格。这一点，人皆共认。如果川菜的麻辣，也只是辣椒直接与花椒合用，虽有特色，但依然较其他食辣地区没有本质上的改变。

真正让川辣从天下众辣中脱胎换骨、破而再立的，是辣椒在四川最后完成了与中国文化、中国饮食精髓的融合，产生了化学意义上的变化，我把它称之为"川菜的辣椒革命"，是世界的辣椒在中国的重生。它是川渝人智慧的创造，是中国文化对外来食物文化属性的包容、融合和同化。发酵程度不同的辣椒豆瓣酱、泡椒、红油，就是中国辣独立于世的三大经典。从此，天下食辣花开两朵，一朵是中国川菜辣，一朵是世界其他辣。

历史，注定了要把世界辣椒的"中国革命"，交给四川，交给"好辛香"已有上千年的四川人。这是命运对千年以来于辣不弃的回报，是饮食的上天对味道忠诚的奖励。自然发酵后酱脂化的辣椒豆瓣酱、乳酸化的泡辣椒和酯化后轻度发酵的红油，使外来的辣椒与中国饮食重要的传统工艺——食物发酵结合起来，从而完成了辣椒中国化的过程。辣椒之阳，与花椒之阴双香并重，刚柔相济；辣椒发酵后，椒辣内敛，各种鲜香物质与辣共生，风味细腻而丰富。正是这两大改变，奠定了整个川菜辣味谱系的核心风格，我认为，这就是川菜终成大系的基础。

以郫县豆瓣酱为代表的川味辣椒酱，酵曲变化

红油是辣椒在油脂中的另一种伟大转化，众多拌菜、卤味都有红油来参与。图／视觉中国

的甜豆瓣、初步腌制发酵后的辣椒胚，在"温、光、水""翻、晒、露"等极为复杂的手作工艺流程中，辣度适度降低，辣燥辣烈减少。辣椒中的糖分和其他各种营养成分在不同程度的发酵过程中由各种微生物菌群共同促变，产生出丰富的风味物质。当一缸豆瓣酱熟化之后，辣味仍在，但不孤独。因为，浓郁的酱酯香深浸于辣味，大量鲜香物质赋予了辣味醇厚绵长的味道。这是中国川菜独特的酱香辣，外柔内刚，含蓄沉厚，不燥不糙，不弱不散，兼有中国酱的文韬武略。

如果说辣椒豆瓣酱需要与阳光、与空气充分交融，需要自然的温热滋养，而且要半干态，才能酵变出沉厚饱满的酱辣之香，那四川泡辣椒却奇妙地恰恰与之相反，它需要与空气隔绝，需要阴凉的环境，并且要在老盐水的浸泡中，才能酵变成温厚绵柔的酸辣之香。湿态发酵的泡辣椒，把辣椒中的糖分转化成乳酸，燥辣被柔和软化，鲜香变得丰

精心的翻晒，创造出更加美味的豆瓣酱。图 / 视觉中国

富。它不仅是川人辣椒直吃的最爱，也是川菜特别是家常风味菜最重要的调料。

这样深度发酵之后的辣，重新禀赋了中国饮食文化及艺术的核心智慧——把食物交给自然和时间——自然和时间才是最伟大的料理大师，一切让它们去改变。人所做的，更多的是理解时间，顺应自然，让最后的成果虽由人作却犹如天成，这就是辣椒的中国心。它不仅以极高的美味度，动摇了自诩儒雅者们滋味的清高；更以与正统文化暗合的味和之道，让君子们不再视辣为味之妖邪和陋贱。正是巴蜀民间的原发性创造，生机勃勃地蔓延进了主流的味道殿堂，一部以辣为风味核心的近现代川菜史，在100多年前，终于开始了自己的浓墨重彩。

辣椒的阶级革命

民间千年食辣的传统，成都平原温润的气候和闲适的生活，以及这种气候和生活滋养出来的心境，让这里的大多数人，对所有刺激、刚猛的东西，会有一种徐徐相待的态度和方式。所以，辣椒一路袭来，到了四川，这里风软人和，性情散淡，任它气势张扬，锋芒外露，也须得有几分收敛与改变，才能和这里的人打成一片。这是辣椒之所以只有在四川，才会被大量发酵使用的人文基础。除了这一方山水的天定，还有更为重要的历史原因，就是"湖广填四川"之后，来自各地的新四川人，其中大多原来是不吃辣的。即使水土使然，不再视辣如猛虎，但像贵州、湖南人那样辣椒直吃，不是口舌的首选，更不是主选。因此，辣变，就成了辣椒在四川命运的必然，也成了百年川菜辣型风味体系独创格局的灵魂。

辣型菜肴被主流的味道审美逐渐接受，除了辣椒在川菜中完成了中国化这个内在动因外，还有一个时代变革的重大推力，这就是1911年的辛亥革命。这场革命的历史价值已有定论，对于辣风渐起的川菜，无疑是风水流转的天赐良机。那些以辣为贱、以辣为耻的进士举人、王公贵族，被迫平视甚至仰视一群又一群过去不屑一视的平民。因为，不少的平民知识分子甚至穷人，在革命中建功立业，进入了社会的主流。他们的话，有人听了；他们喜欢的口味，也没人或是很少人，敢说粗陋了。而平民一直是喜欢吃辣的，特别是辣椒来了后，辣椒可以变成酱，做成泡椒，还能做出菜来，如此合口顺心。就这样，在辣椒取代了味涩的茱萸并酵变成中国辣酱和中国泡椒之后，登上历史舞台的平民精英们，又把它强势带入了饮食的主流。

据说民国初年，四川都督府要犒军驻藏官兵，其中重要的犒军物资就是向郫县两大酱园铺专订的四万斤郫县豆瓣。因驻藏官兵吃得军心鼓舞，都督府还特此传令嘉奖，并赠以奖牌。

辣椒豆瓣酱、泡椒，以及在酯化反应和轻度发酵中更加醇香浓郁的红油，本质上是辣变，是一种原本与中国君子之道相悖的辣，酵变成为了国之正味。刺激刚猛的原辣，进入中国人深悟并顺应的时间与自然中，水土滋养，日月相融，蜕变新生出大量鲜香物质构成的酱辣香、酸辣鲜香和油辣脂香，可以调众材，可以和百味。以这样的辣品为特色风味的川菜经典，所以众口交赞，所以能让来自天下的川菜再回到天下。正是这样的辣，辣而不燥、不烈、不涩，醇厚绵长，回甜重香，应和了中国人口舌的愉悦与身心的欢喜。这是川菜味，也是中国味。

川菜中，虽然也有很多鲜辣椒、干辣椒直用成菜的菜肴，但是，绝大部分辣味菜品，特别是最受天下人喜爱的经典菜品，如回锅肉、麻婆豆腐、鱼香肉丝、水煮牛肉、豆瓣鱼、夫妻肺片、火爆肝腰、魔芋烧鸭等，都是辣椒豆瓣酱、泡椒或红油赋予了它们独特的风味灵魂。没有巴蜀人民独创的这三大中国化辣品，就没有今天能够得到大多数中国人接受并欢喜的川菜。就是现在重用麻辣的川渝火锅，如果没有辣椒豆瓣酱作为辣味主体，也不可能走遍大江南北，成为川味餐饮的半壁江山。

麻辣火锅，绝不是麻加辣的火锅。如果仅仅是花椒和干辣椒炒制，加汤熬成底料，我想，除了巴蜀地区一部分麻辣莽汉敢于在吞乎中吆喝，大部分川人，更不用说少之食辣的其他国人，是断断要敬而远之的。麻辣火锅，把内敛后的麻辣，特别是辣，再次以突出而集中的方式张扬出来，表达了中国人在味道美学上大味大香的阳刚一面。但是，辣椒豆瓣酱特配成的火锅豆瓣，始终以味之醇浓厚重，保持着整个麻辣的底蕴，蕴藉醇正，饱满丰厚，大香含蓄，大味沉稳，融辣之张扬于内敛，含辣之味变于深微。在火锅老油被禁止使用后，现在，川渝麻辣火锅的底料，开始再次和中国发酵文化与工艺结合，反复炒制，反复自然发酵，由此得到麻辣火锅独特的浓烈醇厚。这是世界的辣椒，在显示辣之正味正身的同时，让世界看见和品味到东方的魅力。

中国成就了世界的辣椒，川菜成就了中国之辣。

泡菜坛子也许是四川家庭中最常见的必备品之一。摄影 / 吴学文

川渝火锅的底料经过反复炒制而成，有醇厚之味。摄影／胡晓平

郫县豆瓣

PI XIAN DOU BAN

时间铸就的

川味之魂

撰文 · 詹忆梦

人对于味道表现出了极高的忠诚。

有一回，我和一位四川名厨的聊天进行到午餐时间，餐桌上端上一道经典川味菜肴：麻婆豆腐。鲜嫩的豆腐微微颤动，浓郁的酱汁芳香扑鼻，释放出大胆热辣的味道。用勺子舀起一大勺浇在米饭上，将豆腐与米饭一同送入口中，那时，餐桌上只剩下杯盘相撞的声音，我们各自沉醉在麻婆豆腐制造的片刻幸福之中。

食欲会在一瞬间占据理智，好似整个身体都在为之舞蹈，尽管我们在十分钟前还在谈论那些口味清淡、做法精致的宴席菜，当这些食物出现时，谈论失去了意义。在川味的世界中，最具有代表性的菜品莫过于麻婆豆腐、宫保鸡丁、回锅肉，当然还有极具分量的火锅。一锅火旺汤滚的红汤里头，融合着各路油料、香料，真是香得醉人、辣得过瘾。

这些美食各有千秋，却又有一味相承。在美味制造的源头，一个隐藏的王者浮出了水面——郫县豆瓣。

胡豆与二荆条：
移民浪潮中的创造

越是接近郫都区（旧为郫县），就越是能感觉到空气里浮动着一股迷人的香气。这里林立着各种各样的川菜调味品工厂，像是一个制造美味的梦之国。弥漫在空气中的川香味，很难让人直接联想到2800年前这里曾是古蜀王国的都城。

谈起郫县豆瓣，不得不提到当地最富传奇色彩的一家老店，它承载了郫县豆瓣的诞生故事。这家名为"益丰和"的酱园就位于郫都区南大街，门市已屹立了160年。据说在康熙年间，一位姓陈的移民在进入蜀地的途中，因为胡豆（蚕豆）发了霉，就用辣椒拌和食用，无意中开启了食材的独特搭配方式，成了豆瓣酱的雏形。陈姓移民在郫县安了家，此后潜心经营调味品事业。他们开始出售一些简单的调味品，比如将发霉的胡豆瓣加辣椒、盐做成"辣子豆瓣"，在街头巷尾叫卖出售。这种调味品可以看作豆瓣酱的早期形态，至于它如何崭露头角，又如何引发了后来川菜的创新革命，是当时的陈姓一家无法想象的故事。

陈家的作坊日益红火、渐成规模，陈家后人陈守信在南大街开出"益丰和"号时，已是前店后坊

豆瓣酱是川渝火锅重要的滋味来源。开阔的晒场上，数千口传统晒缸依次排开，吸收日月精华。摄影 / 李文勇

的酱园。酱园选址是在郫县南大街的陈家祠堂，一个家族的荣耀，从此和一个商号有了奇妙的关联。

郫县豆瓣的故事还有许多旁枝的延展，不论是益丰和成功后其他酱园的纷纷开张效仿，还是陈守信儿子的经营之道，那场移民无疑成了郫县豆瓣在当地落地生根故事中关键的背景。

这是一场旷日持久的移民潮。明末清初，在清政府的号召和鼓励下，移民活动逐渐频繁。为了谋求更好的生活，无数和陈姓移民一样的福建人，成为了移民的主力军。闽粤至蜀，千里之遥。这段极其漫长、坎坷的旅程，注定充满了不可预料的辛劳与变数。移民的饮食习惯被这段旅程改变了，他们携带干粮赶路，一路只能睡寺庙、荒山，寄人屋檐，随处生火做饭。在远大的目标之下，渡过眼前的难关才是要紧事，而碗中的辣椒为他们疲劳的身体注入了振奋与能量。

当移民来到四川重启营生时，他们的创业往往自一路上的苦难经历吸取养分。祖籍广东的温筱泉是泸州老窖的创始人，广东移民卓秉恬及其后代同样在四川开酱园，酿造调味品。陈姓移民酿制郫县豆瓣也是创业潮中一朵小小的浪花。开山劈岭，繁荣工商，移民带来了商机，也掀起了饮食文化的革新。

正如入川的陈姓移民所见，郫县这一隅之地宛如一个独特的磁场。郫县位于成都平原中心，受益于都江堰水利工程，这里的气候温暖湿润，土层的可耕性和通透性良好，有利于辣椒和蚕豆的生长。郫县豆瓣所用的辣椒正是以成都为原产地的品种二荆条，它瘦长、皮薄，尾部弯曲勾起，椒尖像一个"J"形。比起小而浑圆的朝天椒和干瘪暴烈的小米辣，二荆条的油脂含量高，是制作郫县豆瓣的上佳原料。

不断进化的酿造工艺：
成就川人厨房的秘密武器

在郫县豆瓣的工艺史上，陈守信是完善制作流程的关键人物。他用裹了面粉的胡豆瓣进行发酵，再和盐渍辣椒混合搅拌，摸索出了翻、晒、露等步骤。相比原先的"辣子豆瓣"，这套工艺解决了水分重、口感差的问题，成品呈现出一种油亮滋润的红褐色。

陈守信创制豆瓣酱以来，郫县人做豆瓣酱的时间节奏似乎从未被打破。我来到鹃城豆瓣厂。约 4000 口正在酿造的大缸排列成整齐的方阵，立在晒场之中。晒场的墙壁上，有一首诗分外醒目："杵来翻去年复年，晒到斜阳一线天，露盼东方鱼肚白，日月精华酱香生。"

晒场中，穿着蓝色制服的工人拿着木杵正在大缸之间穿梭。他们的任务是杵豆瓣，将木杵提起深入酱缸之中，酱料被翻深、翻匀、翻透，每一缸要杵 12 次，对于工人的体力和耐力都是一种考验。之所以要这样做，

发酵后的蚕豆被称作"甜豆瓣"。图/视觉中国

年份越陈，豆瓣酱风味越醇，颜色越深。图/视觉中国

是因为木杵能够深入酱缸深层，用层层翻搅的方式为酱缸注入新鲜空气，只有经过翻搅后的酱，才能在晒和露的过程中，形成郫县豆瓣的独特风味。

被翻晒过的酱缸敞开在初夏的阳光下，倘若下雨，就要把缸口盖起来。工人不断巡视，确保每一缸酱不被雨水淋湿。从空中俯瞰，这些正在接受阳光照拂的豆瓣酱显示出深浅不一的红色。从白昼到夜晚，从夜晚到黎明，时间就潜藏在缸中改变着里面的小世界。周而复始的昼夜温度变换，多种微生物开始生长繁殖，经历了时间淬炼的豆瓣逐渐转为成熟的红褐色，散发出浓郁的酱酯香气。

郫县人深信，一旦离开了郫县就无法制作出正宗的豆瓣酱味道。英国女作家扶霞·邓洛普描述郫县豆瓣："酱料应该放在不密封的陶罐中慢慢熟成——阳光灿烂的白天，接受太阳的烘烤；晴朗清新的晚上，让露水来滋润；只有在下雨天的时候才把罐子盖上。"美味的养成仿佛跟传说中的神仙修炼似的，要吸收天地之灵气、日月之精华，才能成就最终的辉煌。

如果说当年的陈守信完成了郫县豆瓣传统工艺的定型，今天的非遗传承人张安秋则在秉承原有酿造体系的基础上，对发酵时间进行了技术突破。张安秋是土生土长的郫都人，也是鹃城豆瓣厂的老员工。他通过"水浴保温技术"，利用热水的恒温缩短从蚕豆转化为"甜瓣子"的发酵时间，并且使之不再受到季节影响。

像张安秋这样探索新技术的人员并不少，鹃城豆瓣厂既是豆瓣酱的传统生产基地，也是工艺传承与创新的基地。或许可以说，豆瓣厂的经营思路与当年的陈家似乎有相同之处。首先要保证有一种味道足够好的产品，其次是始终朝着工业化生产迈进。只要人们手握着这种调味品，就永远可以烹饪出经典川味。他们的努力无愧于鹃城豆瓣厂为自家产品悬挂的四个大字："川菜之魂"——一个自豪又贴切的概括。

杵豆瓣考验着工人的细心与技术，酱料被翻深、翻匀、翻透，层层翻搅为酱缸注入空气，促进风味形成。摄影 / 张红旗

"川菜之魂"诞生记：
一场都市熔炉中的淬炼

"川菜之魂"的名号当然不仅是本地人的自夸，当我们把时间重新定位到清代至民国初年，就能发现，豆瓣酱和红汤火锅的这两条时间线正逐渐重合。

清代时，郫县豆瓣的年产量不断增长，从数千斤逐渐增长至七八万斤；在民国时期，产量更是提升到四十万斤左右，规模十分可观。以豆瓣酱为代表的复合型调味料的出现，正对应川人饮食习惯普遍转向食辣的阶段。郫县豆瓣让辣成为一门显学。

晚清以来的川渝地区，是一个川菜创新的大熔炉。在成都，集结高端、中端和廉价的餐馆于一地，不同餐馆的经营者彼此借鉴，互争高低，以更精进的美食技术和大胆的烹饪手法俘获食客。根据民国文人李劼人回忆，麻婆豆腐来自一位别名为"麻婆"

的女人，她在成都桥头经营一间饭铺，因善于烹制豆腐，且以低廉的价格卖给来往食客，一来二去，"麻婆豆腐"就此出名。在这个故事中，"麻婆"虽然一开始没有使用郫县豆瓣调味，但各路厨师不断改良其配方的过程中，都不约而同地确定了用郫县豆瓣煎炒提香。

差不多同时崛起的还有回锅肉。这道传说中起源于平民将民间祭祀猪肉回锅烹制的菜肴，延续了传统川菜小煎、小炒的特点，以猪肉为食材，郫县豆瓣为调味料，呈现出了近现代川菜麻、辣、鲜、香的特点，着实是下饭利器。

在重庆江边，一场关于红汤火锅的盛宴也悄然开场。小贩、走卒为了品尝到肉食，就支起一口铁锅将牛内脏切成小块烫煮，为了祛除异味和提升口感，铁锅内煮的是一锅又辣又咸的卤汁，这种饮食方式深得底层人民喜爱。后来，重庆商业场借鉴了

辣椒发酵

蚕豆发酵

辣椒+蚕豆

白天晾晒

传统工序并不复杂，蚕豆瓣与鲜辣椒分别发酵成熟，将其混合后再搅拌发酵，时间是最好的调味师。插画 / 半毫米

充分搅拌

夜晚防潮

昼夜更替，周而复始，当豆瓣酱醅基本达到成熟，工人会抹平表面，静待杰作完成。图 / 视觉中国

这种模式，把铁锅改良为铜锅，蘸料由食客自己调配。传至成都，这一美味再度升级，底料和烫菜菜品都做了精细化的搭配处理。20 世纪 40 年代，现代红汤火锅的搭配公式已然定型，牛油和骨汤构成了底汤，而豆瓣酱与辣椒、花椒为其注入了灵魂味道。

显然，这是一场发生在川渝地区的集体创作。被现代人视为经典的家常川菜和制霸全球的红汤火锅，在这个大熔炉中经历了数次的淬炼，从一块豆腐、一片猪肉、一锅卤水起步，经过四海名厨的揣摩、南北口味的考验，成为了跨越地域边界的美味。

在这个熔炉中，郫县豆瓣充当了"川味"概念的奠基者。它提取了辣椒的精华，通过酿造的手段，发展出了强劲而不霸道的口味，这是川人对于辣味的升级之作，让原本看似平淡的食材焕发出新的生机。至此，"川菜之魂"的江湖地位实至名归。

火锅豆瓣，沸腾整个人间

郫县豆瓣的故事还远没结束。在人口流动日益频繁的今天，世界的图景正在变得更为开放、多元。一个在川味饮食熏陶中长大的女孩，会跑到北、上、广、深上学、工作，甚至去海外发展。而当她漂洋过海，踏上另一片大陆后，又是否会在自己的厨房，或是异乡餐厅，吃到一顿令人满足的饭菜呢？

这个问题如今已不那么难回答。餐厅的连锁化、食品工业端的需求、烹饪菜品的便捷化正在推动复合调味品的快速成长。豆瓣厂正在对豆瓣酱进行细分，即食豆瓣酱为身在异乡或是想要尝试川味的人群提供了新思路，豆瓣牛肉酱、豆瓣香菇酱都是在原有基础上的改良，和不同食材碰撞激发了全新的味觉，同时保留了郫县豆瓣独特的酱酯香味。

火锅豆瓣酱适应了更流行的饮食场景。这是一个动态的世界，每一个人都无法停下来并且长久保持不变。信息在爆炸，关注焦点在转移，着迷的事物也在更新换代，人们的心和身体都在世界中移动。历史总是相似的，当人们需要振奋与团聚，美食就会降临。火锅是多种食材的聚会，也将来自不同地域的人们团聚在一起。相较传统豆瓣酱，火锅豆瓣酱的辣椒胚更厚实，还耐得住高温，块形也更为粗实，能够赋予食材酱酯香味和色泽。那种既辣又香的味道，将永远流淌在火锅之中、口齿之间和灵魂深处。

这是一次被允许的突破禁忌之举，一次短暂却会被长久记忆的忘忧之旅。

火锅底料
DI LIAO

动手炒

没有秘密

只要力气

撰文·胖酷帅

如果你问重庆当地的朋友，哪一家的火锅最好吃，诚实一点的答案往往是"好像都差不多"，又或者会推荐你几家最近比较火爆的店。而当你进一步地追问个中差别，则又会回到上一个答案："差求不多呀，没得好大个走展（方言，指没有太大的变化、发展）。"如果你问的是从业人员比如火锅店老板，那完了，从秘制老油到神奇蘸料，样样都是绝密，家家都是绝配。总而言之，除了自己家，整个山城简直没有下得了口的。

以今时官方大数据统计，整个重庆地区，有超过五十五万人从事火锅行业。也就是说，除了你能想到的火锅店老板、服务员、厨子之外，背后是不计其数的人在做着你看不见的养殖、运输、宰杀、冷鲜、粗加工精加工、配料、研发、培训等工作。说句笑话，"撕黄喉的人都好几百"，为的就是这一口生鲜。绝对的规模带来的就是相对的标准，包容着些微可忽略不计的个体差异。

脱离这个巨大的行业链条，很多事情便不得其法，不好支撑。如我一个开垮了火锅店的朋友所言："调料配方是重庆的，厨子口音是椒盐的，为什么没生意嘞？"我去他店里吃过，所有的食材基本上都是冷冻的，甚至端上桌还来不及化冰，鸭血比豆泡还老，鳝鱼比牛肉耐嚼，就这还来问我有啥意见，又能从何说起呢？开店难道就凭加盟费换来的火锅底料吗？

汤锅店进化史

本埠很潮，一家又一家火锅店后浪推前浪，各领风骚，不遑多让。活下来的，成了招牌，有了相对固定的客人圈子。然而更多的是，一浪接一浪地死在了沙滩上，连个印子都没得，一张秘方也留不下来。

如果回溯一下重庆火锅，看看它本来的样子，可能有助于理解它的发展。关于起源，坊间广为流传的说法是：重庆火锅，原本是江上码头工人

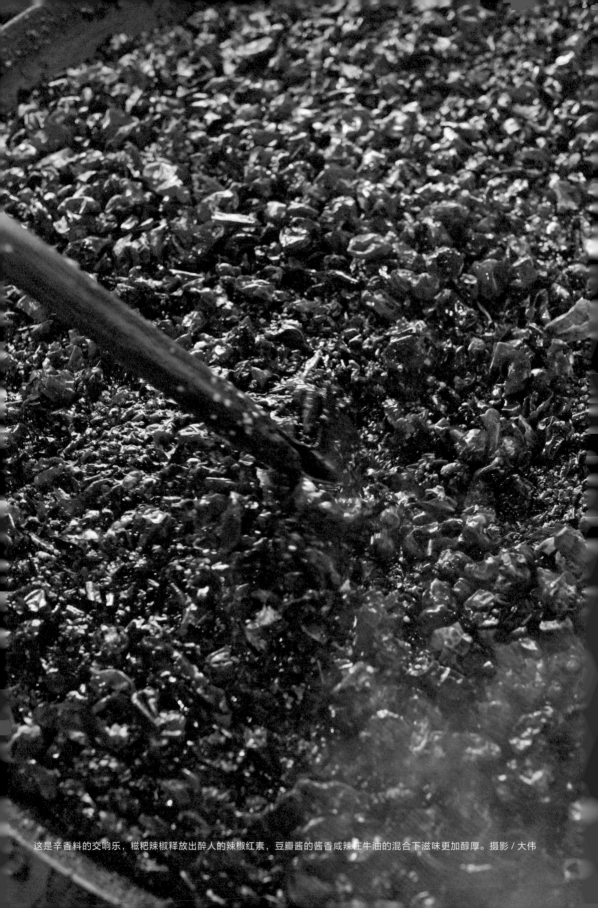

这是辛香料的交响乐，糍粑辣椒释放出醉人的辣椒红素，豆瓣酱的酱香咸辣在牛油的混合下滋味更加醇厚。摄影 / 大伟

的吃食，油重味大，下饭管饱，久而久之，自成一派风味。这话只说对了一半。准确点说，整个巴蜀地区沿江讨活的码头城市，其实都不缺以廉价红肉和内脏为风味发展起来的饮食，不管是江油的红烧肥肠还是乐山的跷脚牛肉等，都是如此。

我们现在在餐厅吃到的重庆火锅，受到了改革开放以后禽畜规模化养殖业兴起的直接影响。在此之前，它和北方的卤煮、广东的牛杂这一类街头熬锅菜一样，多是店家支一口大锅当街售卖，食客花几个小钱分食。最多不过是大锅用小格子稍微划分一下区域，显得讲究一些，别称"水八块"。这一类饮食有个特点：本小利薄，对食材的要求首先是量，其次是质。所以老死的耕牛首当其冲，而水牛比黄牛大，更是多被选择。

有了原料，便务必物尽其用。牛皮没法吃，另外卖钱。牛头则分售给凉菜贩。头皮、牛舌这类要等那两口子把"废片"发扬成"肺片"，暂且不管。老死牛肉纤维过粗，腱子、臀尖最好就让给卖消夜的切成二粗丝，腌制、油炸，"冷吃"即可，又或者整块净肉重硝腌过再来酱煮，外黑内红、入口化渣，号称"张飞牛肉"。"背柳"——小里脊还能入口。再往内里，就是下水。肝、肺粗老，就算要用，也只用到肝尖、肺头。心、腰味重，需细细片开泡净血水。肠、肚是重中之重，肠油和肥膘一起熬制可以给汤锅增香增厚；牛肚按照部位分为毛肚、金钱、百叶、牛肚，久煮则入口疲软无味，择洗干净分片切好，随点随加，随吃随烫。蹄筋、板筋则有不同，最适合长时间慢炖，入口软糯。骨头砸开，吊汤打底，骨髓、牛血也是一味嫩口。至此，老牛涅槃。

一头牛，卖出花。生意好，客人多。等挣了钱，那就不光是老水牛的事了，私贩的黄牛，富余的肥猪、鸡、鸭、鹅、鱼，统统都可以进到这口锅里来。除了之前以毛肚为核心的锅中央那几样，还有什么鸡胗、鸭肝、鹅肠、"掌中宝"、蹄花、腰片、肥肠、"天堂板"、滑鱼片、嫩血旺、五花肉、鹌鹑蛋等等。食材越来越多，越来越杂。这里就有一个烹饪上需解决的最基本问题——必须压住过多的异味，形成相对的统一。解决食材异味相冲的首要法则，是新鲜。

还是以汤锅店为例子，原来的勤杂小工可能就是烧火、打水、辅助宰杀，顺便切配，最多加上择洗蔬菜、收桌子、洗碗、打扫卫生。这下好了，活儿根本干不完。

有一种解决的办法是增加厨房的人手和分工，把清理、宰杀、切配的工作分开来做，俗称水台、荷台和墩子。但仍然存在另一个问题，一头猪就俩腰子，一只鹅也只有一副肠，一头牛的油别说熬底料，客人一多，能分得着油花就算不错，先来的客人先点先吃，后来的客人就差点意思，再怎么折腾也配不上套。一个锅里分食，总是上不了档次。汤锅店终究是个汤锅店。

时间再往后走一点，大概在 20 世纪 80 年代末、90 年代初，农副产品开始丰富起来，只要肯花钱，鸡鸭鱼肉要多少有多少，食材配套问题彻

在麻辣火锅里涮毛肚，只要是差不多档次的火锅店，涮出来的味道可能都差不多，但食材的新鲜与否却高下立见。摄影 / 余尧

底解决了。于是，火锅店可以分席而坐，看单点菜。从群聚到分餐，就可以有一些讲究。首先是汤底，有了对每一锅底味标准化的要求，清的太清，浓的太浓，那可不成，要最好点什么涮起来都差不多。其次是菜品，以前的肝、肺、血，统统有了替代品，粗切乱配那就不成，花刀薄片更适口，最好点什么涮起来都差不多。然后是服务，装修、配套、娱乐表演都不说了。也就是说，不过度标榜配方的"神秘感"，让只要是差不多档次的火锅店，不管点什么，涮起来都差不多。

当点什么涮起来味道都差不多的时候，火锅底料本身是什么味儿就没那么重要了。我把火锅底料掰开了揉碎了讲一下，觉得有意思的，您就往下继续看。

手把手教学第一步：这个油料要有料

人的味觉依赖往往是因为习惯而不是合理，所谓"靠山吃山，靠水吃水"，你好哪一口打小儿基本就定了，没必要对别人的口味有啥贬抑。说回重庆火锅底料，分为三个部分：油料、香料、发酵物，没有什么秘密，但是有个制作的程序。

首先是油料，油料起到给整锅汤增稠、起香的基本作用。如前文所述，水牛油自然是首用材料。某些"行家"振振有词：水牛油黏稠度高、烟点低，利于芳香物质融合云云。您听听就得了。我国水牛养殖的规模远远低于黄牛，完全不成比例。就算黄牛，也是什么安哥洛卡肉牛、秦川牛、本地牛各种杂交，瘦肉型为主，目的就是出肉卖钱，道理简单，肉比油贵。那种村饲土黄牛一年就耕一回田，膘肥肉少，可遇不可求，产量忽略不计。所以完全没有必要纠结，事实上也没人纠结。现如今，农贸市场上好的牛肥膘每市斤（500克）5元人民币左右（2021年数据），这种牛肥膘比较麻烦，需要自己切碎再进行熬制，出油率七成左右。好处是它是"真"牛油，香。

更多的，尤其是餐饮企业，买的是现成的定装"精炼牛油"，每市斤一般来说3元左右，多数会加入一定比例的植物油和增稠剂。批发市场或者网上都有卖。好处是方便，直接就能炒制；缺点嘛，太香……普通大众大概吃不出来。现在有些流派嫌牛油腻，直接上菜籽油，称为清油火锅，殊途同归。

有了油，似乎就可以动手炒了。炒油有两个技术点：一是起底油料最好不低于5公斤（以下均以此标准为例）；二是保持全程低温并且持续翻动以免糊底。目的是把往后添加的所有料的"味"都给煮进去。鉴于油温度较高，材料容易焦煳，所以量太少炒制起来意义不大，反而不好控制。

牛油是重庆火锅所有风味的黏合剂和催化剂，少了牛油的重庆火锅就像少了灵魂。摄影 / 卢旭丹

权当成一锅沸腾的水在"熬料",无须精确,就是个耐心和力气的事。

待油在锅里全部化开,可以添加一些生料来增香,基础为葱、姜、蒜——大葱味甜,小葱味冲,洋葱省事,效果都差不多。葱、姜、蒜总重不低于500克,比例为4∶3∶3。常见增香生料还有香菜和茴香,总重控制在100克即可,比例各半。此外还可以添加的生料如薄荷、芹菜,属于附加风味。同时可以下锅的还有水发红花椒(大红袍)100克。着重说明一下,花椒因其品种、产地、保存导致品质差异太大,市价每斤20元到80元不等,不好量化,需要一些经验,因为是干货,起码用水泡半小时以上回软后再下锅,避免焦煳。需熬至水汽全干略微发焦,再一次性全部捞出扔掉。

因为渣滓要扔掉,所以先熬,好理解吧?

炒出层次感:香料和发酵物的实验课

香料这部分是最为迷惑人的,好像一说起来就要走向秘方,直接上方子再来说原理。

基础五味——八角、草果、香叶、桂皮、陈皮,香味各异但是特点一致——耐熬、不苦、回甘,每种10克。

可增量添加的——砂仁、白扣、香茅草、孜然、小茴香,特点是味道淡、香气易挥发,每种20克。

减半添加的——丁香、山柰、白芷、良姜,特点是一旦放多容易苦,每种5克,尽量少。

酌情少量添加的——木香、千里香、排草、毕拔、木姜花,这几种香味很淡而且非常容易熬成烂渣滓沉底,聊胜于无,放不放都无所谓。

也就是说,总量控制在150克左右就足够。香料全是干货,用水泡发后用料理机打碎至火柴头大小最好。至少熬制20~30分钟,能闻见明显香味,即可捞出扔掉。多说一下,香料没有祛寒、避湿、保健、养生的功能,也不能去腥除味,相互之间更没有什么神奇的化学反应,不存在"1+1=3"。它们的作用很单纯,闻起来什么味儿,熬出来就什么味儿,之所以有个配比,是因为这个相对复杂的混合香味大概能压住锅里煮的各种食材的混合味儿——跟卤肉店用的没什么两样。所以,某一味香料你感觉难闻,自己不喜欢,就不要放。

香料另外一个重要的组成部分是辣椒,老派火锅店就是用川内品种,二荆条搭朝天椒,其中二荆条负责红亮和香气,朝天椒负责辣。现在呢,与时俱进了,贵州子弹头、河南朝天椒(新一代),甚至印度辣椒的产量暴增,价格便宜,香辣兼具,非常省事,所以就没什么必需的搭配。某些老学究非要讲个正宗,嘿嘿,这玩意儿在本地叫海椒——嗯,中美洲漂洋

底料炒制时使用的部分配料（从左至右，从上至下）：豆瓣酱，辣椒酱，牛油，桂皮；花椒，冰糖，大葱，香叶；生姜，孜然，山柰，白蔻；八角，干辣椒，醪糟，菜籽油。摄影 / 吴学文

过海来的，正宗不？不管怎么搭配，提前煮15分钟，俗称"回水"。用臼捣碎最佳，有一定的黏稠度，"糍粑辣子"是也。如果用搅拌机搅碎，在炒制过程容易散碎，味道一样，品相差点儿意思。总重（湿）起底1公斤，不然还吃什么重庆火锅。

从炒制辣椒开始，所有的东西留在锅里，不要捞出去了。

最后来说说发酵物。所谓发酵物就是微生物作用复合氨基酸之类的，听着眼晕。不要紧，看看地图，以重庆为圆心画个圈，豆瓣酱、碎米芽菜、豆豉（黑）、豆母子（稀）、醪糟、白酒。喏，都是周边物产，文着点儿说是融百家之长取其长，武着点儿说则是众口难调干脆一锅熬。不管怎么说，豆瓣酱首选郫县产，陈年最好，放多了咸，放少了没味，起底1公斤。碎米芽菜宜宾为首，黑豆豉永川产，豆母子就是稀豆豉，这个和黑豆豉菌种不一样，酱香味浓。三种物料各100克。醪糟、白酒作用类似，酚类物质有香气，加热后挥发明显，各来个50克就够了，"冲香冲香"的。以上物料熬到油锅不再冒任何带水蒸气的小泡泡，关火。

最后的最后，撒50克胡椒粉，单纯因为提前放容易糊。添100克干青花椒，单纯因为后煮才够麻。此时，你应该已经明确地闻到和火锅店一样的"火锅味"了。找合适的容器分装起来，密封得当，不要晒太阳，至少可以保存半年以上。所有操作，只有最后这一句话是重点。密闭的这段时间，各种材料仍然会继续自然发酵，风味物质会更足，味道会更"醇厚"。压根没有必要去泔水桶里提炼，那无非是省钱省时的幌子。

到这里，这一锅底料四海物料混合，历尽了人间烟火，翻来覆去相互融合，乃是食界前辈为了今时的你多尝几口鲜货。倘若鲜也不得则活也不得，一脑门子钻进死胡同，在独门里打转，在"老油"中取巧，实在是舍本逐末。

还犯法。

如今的火锅店大多使用流水线制作的底料，不过仍有一些店家坚持手工炒制，它们的名声在食客间口耳相传。摄影 / 大伟

火锅底料的现代化

现代化

XIAN DAI HUA

撰文·梅姗姗

1979 年，重庆大坪开了一家由兄妹俩经营的火锅店。

乍一看，这家店跟其他火锅店没区别，来吃的都是附近的居民，熟络了会跟老板兄妹喊话："三娃／五妹，上菜咯。"渐渐地，回头客开始增多。有时等不及，客人会直接对店里吼："三五，三五，跑到哪里去了？给我出来！"被喊多了，"三五"就成了店名。

20 世纪 80 年代的重庆还没有"牛油火锅"的概念，锅底叫"汤卤"，各家熬的不同，主料不外乎牛肉汤、牛油、豆瓣酱、永川豆豉、冰糖、花椒末、川盐、绍酒、醪糟。"三五"回头客多的秘密，在汤卤。"三娃"蒲世全意识到，要做出差异，关键是汤卤吃不腻，下次还想来。他尝试将牛油、猪油和菜籽油混合，加上茴香、草果等平衡油腻味，打造出了自己的特色。人气顶峰时，同行们都会上门来买"三五"的锅底，拿回去自己研究。

1986 年，回头客给了蒲世全灵感，他开始筹备专业火锅佐料厂，并建成了重庆第一家袋装火锅底料生产公司。1993 年，"三五"牌火锅佐料获得国家发明专利。在不少重庆火锅专家眼中，这标志着重庆火锅底料工业化的开端。

星战影片般的火锅底料厂

玻璃墙隔开的是四个接近一层楼高的巨型不锈钢桶，上下布满了曲折的金属管道，地面还停着 4 台橙色的机器人车。正值周末，车间未开工，安静庞大的机器让人不禁想到《星球大战》里的冰质行星霍斯，你无法想象它们跟火锅底料有任何关系。

"这是反应釜炒料车间，里面是我们和西门子一起研究的火锅底料炒制反应釜。这样的反应釜一共 12 台。橙色的是 AGV（自动引导运输车），它会根据地面的二维码进行自主驾驶，并将配好的原料通过升降抓取机分别投放到反应釜里。全过程完全自动化，车间最多配备 3 ~ 4 个机操手，指令由前面的终端控制室发出。"厂长辜轶佳介绍。

2018 年，由眉山市东坡区政府牵头，小龙坎火锅投资 2 亿元在眉山建设了这样一座火锅底料智慧工厂，工业自动化技术由西门子提供，从自动引导运输车到终端控制室，"无人"的智慧旨在为两个目的服务：提高产能，并精准控制品质的稳定。

走廊尽头的终端控制室如同《星际迷航》里柯

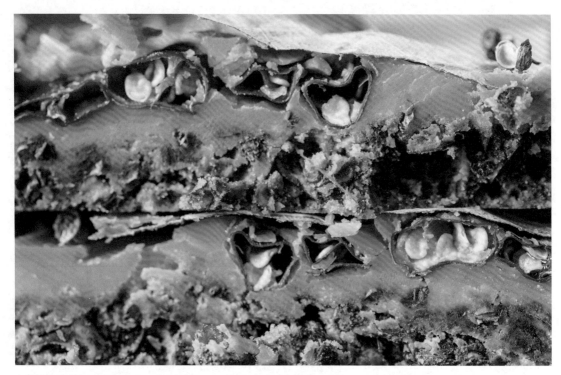

火锅底料剖面图。上层是牛油，下层是底料，肉眼可见的辣椒一般是炒制完成后，为了视觉美观而加入的。图／图虫·创意

克船长的指挥室。每台电脑都对应着一个反应釜，时刻监测釜里底料烹饪的细节，对过程精准控温。炒一锅底料需耗时 1 小时 40 分，成品将由管道运输到暂存罐降温焖制，最后进入灌装和包装环节。

"整体灌装和冷却线目前日产量可以达到 100 吨，在过去可能是 120 个工人，现在整条流水线加起来，可能也就 60 人。"辜轶佳介绍。

从 2014 年的第一家店，到 2021 年全球 900 多家连锁——小龙坎进入川渝火锅市场的七年，也是火锅底料工业迅猛发展的七年。

根据《火锅行业全产业链报告》的调研数据，过去七年，中国火锅行业始终保持着 10% ~ 15% 的高增速，全行业总销售额从 2011 年的 1843 亿元猛增至 2019 年的 9600 亿元。海底捞背后的火锅底料加工厂颐海国际甚至已于 2016 年直接在香港上市，成为海天味业后第二个超千亿市值的调味料上市公司。

巨量的增幅也让其他赛道的品牌馋红了眼：2017 年，国内最大饲料生产商"新希望"推出"有言有味"火锅底料；2018 年，火腿肠界大佬"金锣"推出"香辣红油"和"麻辣清油"火锅底料；2019 年 9 月，以"葱伴侣"黄豆酱闻名的调味品企业"欣和食品"推出"味达美"系列火锅底料。

要想在红海里杀出属于自己的生存空间，参与竞争的企业必须拥有某种无法逾越的壁垒。但火锅底料似乎门槛不高：有口锅，有配方，但凡熬制出属于自己的风味，在川渝这种有消费刚需的地方，怎么都能找到生存空间。

那么，壁垒如何搭建？火锅底料从家庭作坊走向工业化的 20 年，又发生了什么改变？这些改变对我们未来吃火锅会有怎样的影响？

小龙坎眉山火锅底料工厂，从生产到包装环节已经实现全自动化。
上图摄影 / 王家乐　下图 / 小龙坎

火锅底料工业化简史

时间回到 1986 年，火锅底料首次在重庆商品化。三五火锅佐料厂的车间里，炒制底料主要还是依靠人力和大锅。工人们按配方，靠体能，一锅又一锅地复制相似的滋味，产能受人工成本和炒料经验的制约，出品的稳定程度也有限。

2000 年开始，自动化炒锅逐渐代替人工，成为火锅底料工厂的标配。最初是直火加热，单一火源频繁造成糊锅现象，品质不稳定。当时还在重庆食品工业研究所工作的王斌回忆："我那会儿还研发过一个运用导热油原理的自动炒锅，锅中间有夹层，直火先将夹层的油烧到 300℃，再通过油给炒锅加热，这样可以解决两个问题，一是受热均匀，二是温度控制。"

跟自动化炒锅一起发展起来的，还有底料供应链体系。2004 年，《中国食品质量报》的一篇文章里报道，包括重庆红九九在内的十余家火锅连锁品牌开始尝试原材料产地直购，解决了近 10 万农民部分的生活收入问题。

也是那一年，负面新闻的连续曝光，震荡了重庆火锅的基底。2 月，央视《每周质量报告》栏目以"火锅底料'硬'是有问题"为题，报道了重庆市火锅底料生产厂家在底料中添加石蜡的情况。10 月，重庆火锅店反复使用回收油甚至地沟油的事件曝光。重庆火锅突然面临严峻的公关危机，市场对一次性安全锅底油的需求顺势出现。

陡增的市场需求让原本就处于食品科学行业前端的王斌和同事苟中军看见了商机，两人决定下海，创办"聚慧食品"，研发包括火锅底料在内的复合调味料，进行工业化生产。凭借两人的化学专业知识背景，他们思考问题的方法与其他入局者不同。

"人们对工业化食品的需求很简单，这包康师傅必须跟下包味道一模一样。"王斌说。所以工业化、大规模地制作火锅底料，核心就是如何将传统铁锅小灶炒制的浓郁滋味，稳定地复刻在大型加热机器所出当中，保证每批次的每一包底料都是同一个味道。

落实到具体生产，就是原材料标准化、制作工艺标准化和食品安全。"比如泡菜，不同供应商，甚至不同批次的味道都不一样。我们的解决措施，是让所有泡菜到工厂后统一进行二次发酵，使用前再经过检测化验，确保误差在可接受范围后再送去生产车间。""聚慧食品"合川工厂的厂长说。

制作工艺标准化则更考验精细拆分的能力。试着头脑风暴一下就可以发现，影响重庆传统底料手工制作的元素非常多：锅的材质及其传热性能决定了加热速度，蒸发水分的发散比例对味道有所影响，不同炒料阶段的温度会让食材产生不同的变化，等。精细拆分这些影响要素后，最难的是如何在全封闭的高压反应釜中稳定地实现这些精细的操作。工业化生产需要将每个差异"翻译"成可量化的数值，然后通过类似"搭积木"的方法，

在半自动火锅底料工厂里，需要工人们逐次添加炒料所需要的基础原料。摄影 / 张灿彬

不断完善单靠反应釜完成不了的动作。

食品安全则是一切工业化食品生产企业获准生产的前提，主要包括食材安全和成品安全两个部分。食材安全是指瓜果蔬菜等食材的农药残留或重金属含量在安全范围内。不同产地的辣椒、花椒，即便模样相同，底色也千差万别，工业化要求生产者可以检验出相关数据，并且剔除不符合要求的食品。成品安全则要求底料里零异物，大肠杆菌等微生物指标达到国家标准。

对于任何一家专业生产火锅底料的工厂，稳定、安全和规模都是绕不过去的指标，这也解释了为什么它们和家庭炒料无法平行对比。

强调风味和人情的手工炒料火锅店，满足的是开车 1 小时内可以到达的人群，但在拥有 14 亿人口和 5G 通信技术的中国，市场更需要解决的是如何最大限度地满足人们不断更新的消费需求。从这个角度看，工业化火锅底料和手工炒料无分优劣，都在为人们的味蕾服务。

吃啥都是火锅味儿？

南美洲亚马孙河流域热带雨林中的一只蝴蝶，偶尔扇动几下翅膀，便可在两周后引起美国得克萨斯州的一场龙卷风，这就是蝴蝶效应：不起眼的小动作却能引起一连串的巨大反应。

当火锅底料无论是从生产规模还是从创新角度都在不断占领人们的"火锅眼球"时，有些意料之外的转变也开始发生。刷抖音、刷微博，川渝火锅底料几乎成了懒人做菜的"标配"：炒饭、炒面、炒菜、涮锅——仿佛火锅底料在手，我们可以吃下宇宙万物。而牛油和麻辣在饮食生活里无孔不入，

麻辣重口的火锅底料已经逐渐成为家庭常规调料，既可在家涮火锅，也可用于炒菜调味。图／视觉中国

则更加巩固了人们对"川味等于麻辣味"的刻板印象。

这样的认知是让人担心的。

成都美食评论家石光华就曾多次在媒体上公开呼吁大家重视川菜本来的模样："川菜现在只追求'辣',没有底蕴,很单调。传统川菜特有的'一菜一格,百菜百味'正在逐渐消失。"

四川旅游学院川菜发展研究中心主任杜莉教授也表达了类似的担忧:"川渝火锅是一个地域加文化的概念,是在这片地域上形成并发展起来的火锅,这包括会理的铜锅、宜宾的土火锅、简阳的羊肉汤、乐山的跷脚牛肉。毛肚火锅只是川渝火锅中的一个。我们首先要承认,毛肚火锅带火了全世界人们对于川渝地域的认知,这是值得骄傲的。但我们要用未来的眼光看问题,这时投资人也好,消费者也好,就应该站出来,再把川渝火锅的另一半表达出来。我们作为本地企业,不能帮助大家以偏概全,好像川渝火锅就是麻辣的东西了。"

但在世界知名的食物化学和烹饪权威哈洛德·马基对于辣味的研究里,我们似乎又得知:辣是一种痛觉记忆,它可以刺激人的中枢神经系统,让大脑释放让人上瘾并感到快乐的内啡肽。人对于辣的热爱好比上瘾,除非自我戒断,否则越吃越爱,越吃越无法放下。

人的生理天性、资本的逐利性、多元饮食文化的诉求通通都汇聚在这一袋袋的火锅底料中。在漫长的人类历史中,有着无数次饮食文化风俗的变迁,如果拉长视角,也许当下势不可挡的嗜辣风潮只是其中一个小波浪。究竟前路会走向何方,仰赖于每一位置身其中的参与者。

成都人&重庆人吃火锅时都在吃什么？

成都和重庆两个城市的火锅外卖中分别排名前十的菜品列表

成都	重庆
土豆片	豆皮
藕片	土豆片
豆皮	藕片
金针菇	金针菇
苕粉	老肉片
千层肚	苕粉
干贡菜	海带苗
冬瓜	莴笋头
娃娃菜	冬瓜
山药	平菇

辣椒

辣椒的原产地是南美洲，明末清初传入中国，初在沿海地区被作为观赏植物，后传入内陆省份。一般认为是在贵州地区，辣椒首先实现了观赏到入菜功能的转变，以贵州为中心，辣椒的吃法在西南地区传播开来。辣椒也慢慢渗入四川人的饮食中，逐步塑造了近代川菜中辣味菜品的特色。

锅型

川渝火锅的锅具经历了由简入繁、由少变多的变迁。传统的九宫格遗留着旧时物资匮乏、生活窘迫的印记，两分的鸳鸯锅则展现了时下包容多元、创新变化的精神。不论锅具如何变化，不变的是围炉而坐、共同分享的热闹与欢腾。

九宫格　四宫格　鸳鸯锅

奔驰锅　子母锅　圆锅

川渝火锅的江湖地位

2020年中国火锅影响力品牌TOP100里有23家重庆企业，21家四川企业，川渝地区的火锅企业在中国火锅行业中的地位举足轻重。

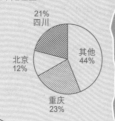

四川 21%
其他 44%
北京 12%
重庆 23%

二荆条

二荆条是成都最负盛名的辣椒，椒身细长，椒尖呈"J"状，辣中，香味足，上色好，干制后尔指数为5000~8000，是四川豆瓣酱里必不可少的材料。

马尔康

汉源花椒

汉源花椒是四川省内最为知名的花椒品种，果粒圆大、颜色红润，麻味儿重、香气浓，曾经被当作贡品上供，并且汉源县内最好的花椒位于清溪古镇，亦被称为"清溪贡椒"。

金　雅　磨　沙江　江　大渡河　康定　雅安　雅

西昌

磨

金江

成都人&重庆人谁更离不开火锅？

2020年1月疫情初期，成都、重庆两地的火锅外卖订单指数都有不同程度的下跌，相对来说，成都人对火锅的热爱更加不受疫情影响。疫情平稳后两地订单指数都迅速回升。

数据来源：娥了么

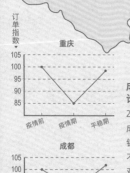

订单指数

重庆
105
100
95
90
85
疫情前　疫情期　平稳期

成都
105
100
95
90
85
疫情前　疫情期　平稳期

＊订单指数：以城市疫情前日均火锅外卖订单量为基数，经过脱敏计算得到随疫情状况变化的日均订单量的相对变化值。

30°

江

图 例

● 省级行政中心
○ 地级市
西昌 自治州驻地
■ 重要地点

攀枝花

100°

川、渝火锅

川、渝地理位置
四川、重庆位于中国内陆西南地区，长江中上游地带。地势外高内低，古时地形相对封闭，通过蜀道、长江等通道和外部世界联系。

生姜
川渝地区向来就有用蜀姜烹饪的饮食传统，在辣椒传入之前，生姜、茱萸和花椒曾是古蜀人辛辣味道的主要来源。乐山是四川重要的生姜产地，有多个优良品种。炒制火锅底料的过程中需要加入大量的老姜提香。

牛油
牛油是川渝火锅香味和口感的重要来源，目前川渝火锅主要使用的牛油大多来自新疆、内蒙古、青海等畜牧业大省，经过专门的牛油加工公司处理后，主要供给各大品牌的火锅连锁店。牛油特有的动物脂肪香气和强附着力能迅速给涮烫食材增香入味，是川渝火锅标志性的特点。

郫县豆瓣酱
被誉为"川菜之魂"的豆瓣酱以四川郫县（古称郫城，今为郫都）所产为最佳。主要由优质二荆条和蚕豆发酵而成，成品具有色红、油润、酱香、细辣的特点，发酵时间越长，颜色越深，口感越厚重。

火锅与长江
川渝地区地处西南，地形相对封闭，长江作为最重要的水运航道连接着四川盆地与外界的交通。川渝地区发达的水系网络更是给重庆火锅的传播提供了客观的条件。

醪糟
醪糟是川渝地区传统的发酵食品，又称米酒或酒酿，味道酸甜可口。一般在火锅炒制后期加入少量醪糟，一是增甜回甘，二是挥发香气。川渝地区的达州、涪陵、蒲江等地均有知名醪糟小吃。

重庆火锅的起源
重庆，本是水运码头，四方物资汇集。数量众多的码头工人给本是底层饮食方式的毛肚火锅提供了消费群体；充裕的物资保证了重庆火锅多样的食材供应。

花椒
四川是花椒的原产地，麻味是四川独树一帜的味型。目前四川花椒种植面积500余万亩，年产干花椒10万吨，是中国花椒种植面积第一大省。

火锅的浮沉
毛肚火锅雏形初现，并逐街边摊贩进入店面堂食，出现了第一家火锅店白

抗战阶段
20世纪30~40年代

新中国成立后，公私合营的浪潮使得大多数私营毛肚火锅店难以为继，进入低潮期。

新生阶段
20世纪80~90年代

各类川渝火锅品牌纷纷走出川渝，麻辣牛油的汤底传遍中国大地并走向世界。

初创阶段
民国初年

抗日战争时期重庆为陪都，重庆毛肚火锅迎来了第一个发展高峰，一四一、桥头火锅等名店纷纷出现。因军政经文的名流权贵和四方移民汇聚重庆，风味独特的毛肚火锅成为风靡一时的餐饮明星。

沉寂阶段
20世纪50~70年代

改革开放以来，市场经济的流行再度激发重庆火锅的活力，并在川渝地区形成一阵阵的火锅风潮，一大批知名火锅品牌在这一阶段诞生。

爆发阶段
21世纪初至今

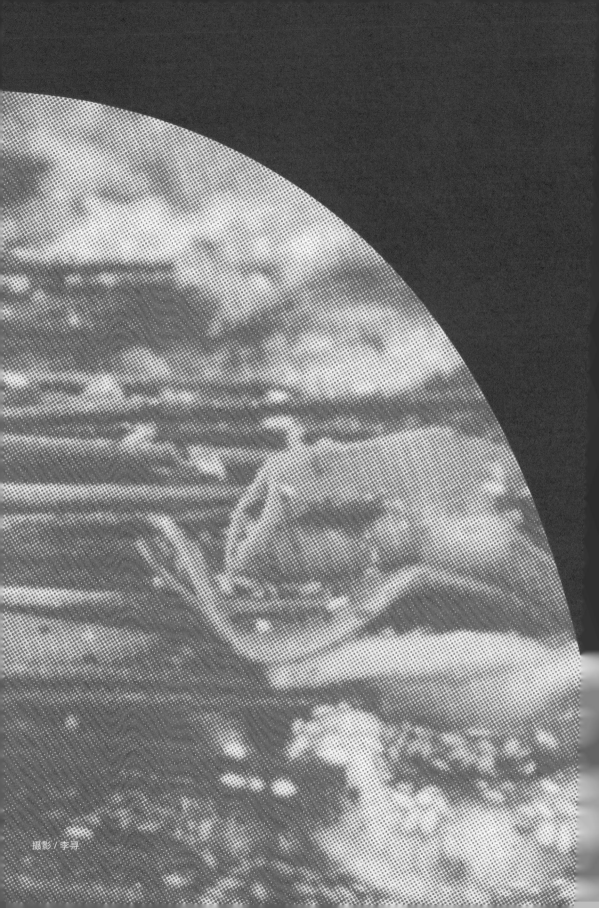

摄影 / 李寻

CHAPTER 03

火锅里的小宇宙

跷脚牛肉　瓣胃

爽脆弹牙　郡肝

鸭肠　牛肝　猪脑

十碟

毛肚火锅　抗战

黄喉　泥鳅　鸭血

小酥肉

串串香　煤油炉子

手提式麻辣烫

摄影／吴学文

毛肚火锅

庶民的

胜利

MAO DU HUO GUO

撰文：孙莎岚

> 毛肚在川渝火锅中的地位那可是雄霸江湖，是最受欢迎的火锅食材，也是最具特色的食材，连重庆火锅最初都被直接称作毛肚火锅。在川渝食客的眼中，无毛肚不成火锅，甚至在众多毛肚铁粉的烫涮顺序里，入口的第一味必须得是集脆韧、爽滑、多汁于一体的毛肚。

毛肚的魅力

美食家蔡澜曾直言对火锅虽兴趣不大，但"最爱火锅中的毛肚"，"吃不到毛肚，就像没吃火锅"。

毛肚称霸火锅江湖的魅力主要在于其天生特殊的结构与火锅烫涮方式的完美结合。毛肚是牛的四个胃中的第三胃——"瓣胃"，其主要功能是吸收食物中的水分，同时将前期消化后剩下的粗糙部分阻留下来，磨细再处理。因此瓣胃的功能决定了其结构表面的凹凸不平，再加上薄而大片的形态，更是成就了它易吸附汤汁中大量调料的特点，与口味浓重的火锅乃是绝配。

毛肚的颜色因牛的品种与饲料的不同而有所差异，常见的有黑色和黄色。然颜色并非区分毛肚品质的关键。早年的毛肚直接来自屠宰场，故毛肚火锅起源地之一便是重庆的宰房街一带。此地靠近长江南岸渡口，牛贩子将牛赶到此处宰杀，牛下水便直接被摊贩收购制成"水八块"（包括毛肚、肝、腰、牛血）。

随着火锅的流行，毛肚的需求量激增。一头牛的毛肚约重4公斤，据相关数据估算，光是毛肚的消费大户——重庆，日均食用量就高达20吨，这可是约12500头牛的消耗。而2020年重庆的肉牛存栏量才78.30万头，本地一年的宰杀量远远无法满足食客们的胃口。因此，便从内蒙古、贵州、青海、新疆等产牛大省区收购盐渍干毛肚（用盐腌制后保存的毛肚），甚至还从国外进口白毛肚（把毛肚的"黑皮"打磨掉，蒸熟脱水），这类干毛肚在食用前均要用食用小苏打或生物酶发制。

毛肚之上品者当属新鲜毛肚，最佳食用时间为牛宰杀后两小时内，或利用冷藏技术在两天内食用。鲜毛肚以水牛毛肚为贵，民间有"黄牛肉，水牛肚"之说，因黄牛毛肚表面的突起较细，余烫后的口感不如"肉刺"直立的水牛毛肚那般爽口。上好的水牛毛肚更是颗粒分明，肉刺森森，这是涮烫后口感爽脆、入味多汁的精要所在。

袁枚在《随园食单》中提到"戒火锅"一说："各菜之味，有一定火候，宜文宜武，宜撤宜添，瞬息难差。今一例以火逼之，其味尚可问哉？"看来，随园主人不喜火锅原因在于其各种菜一锅煮、火候不齐。当然，成书于乾隆年间的《随园食单》所评之菜，多来自江浙地区，其所言之"火锅"亦非毛肚火锅。而毛肚火锅的烫涮是有顺序讲究的，并不是一锅乱炖，如土豆、苕粉、豆腐等易浑汤者后下，而毛肚则通常是火锅桌上的"第一筷子"。

鲜毛肚盛上桌，垫在碎冰之上，是以低温锁住其水分不流失，确保其烫涮时的口感脆爽。夹起一片，在翻滚的红油中七上八下，沉浮十秒捞出，再

浸满麻辣汤汁的毛肚是川渝火锅当之无愧的第一涮烫王牌。图／图虫·创意

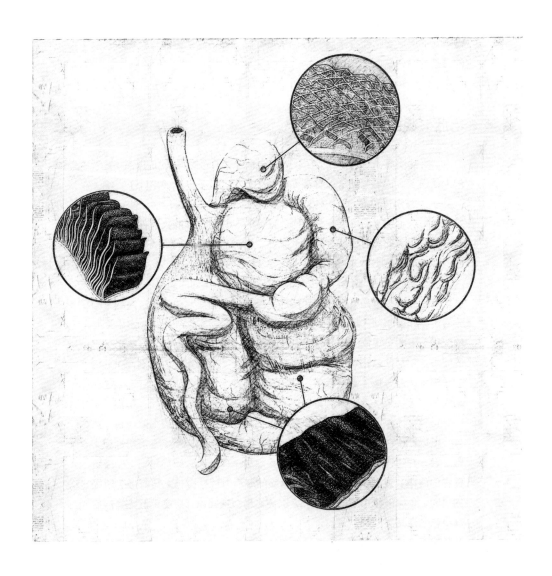

左：瓣胃，横撕称毛肚，竖切称百叶。
右上：网胃，又称金钱肚。
右中：皱胃，即常说的牛肚。
右下：瘤胃，又被称为"牛草肚"。 插画 / 候琛

蘸上蒜泥香油降温提香。送入口中，微卷起泡的薄片将美味的汤汁裹覆其中，携带的麻辣香气激活了全数的味蕾，"老饕"立马可品评出汤底的优劣。牙齿轻轻发力，高温激起肉刺的爽脆，盈满齿间，愉悦的感官享受令人一扫生活的疲惫，撸起袖子，全情投入到美食盛宴中。确实，只有这鲜嫩爽脆的毛肚最适合在沸腾的红油里打头阵，让饥肠辘辘的食客畅享这麻辣鲜香的第一抹味道。

毛肚火锅的源起

"街头小巷子，开个么店子。一张方桌子，中间挖洞子。洞里生炉子，炉上摆锅子。锅里熬汤子，食客动筷子。或烫肉片子，或烫菜叶子。吃上一肚子，香你一辈子。" 1943 年，郭沫若、夏衍、胡绳和廖沫沙等一席好友在重庆相约火锅店给于伶祝寿。江苏人于伶对这边的火锅并不了解，席间，四川人郭沫若便编了这段子字歌，诙谐的语言将火锅的趣味展现得淋漓尽致。

关于毛肚火锅的源起，最主流的说法是在清末年间的重庆江边码头（具体地点有三说：一是下半城南纪门的宰房街，二是江北码头，三是朝天门一带）。作家李劼人在《漫谈中国人之衣食住行》里谈到，"吃水牛毛肚的火锅"发源于重庆的江北。最开初是小贩挑着担子沿街叫卖，在担子里的泥炉上架起铁盆，煮上一锅麻辣鲜香的卤汁，沿河卖劳力的食客在分格的暖锅里选定一格，煮上蒜苗，带出香味，烫上切成小块的牛肝、牛肚，在江风中大快朵颐，吃得后背发热，辣得额头渗汗。

这种被称作"水八块"的"移动火锅"，可以让人快速高效地获取热量，所以很快在劳苦民众中流行开来。但经济实惠的庶民美食最初难登大雅之堂，封建社会的等级观念让毛肚跟辣椒一样，一开始都被刻上了底层食物的烙印。直到 1911 年以来一连串的革命以摧枯拉朽之势打破了阶级的隔阂，也冲破了中国旧有的阶级饮食格局，从此也开启了毛肚火锅从底层小吃到江湖菜头牌的跨越。

民国年间，移动的"水八块"不再走街串巷，重庆城内一家小饭店用赤铜小锅替代了铁盆，将火锅从担头搬到了桌上，1921 年，第一家火锅店"白乐天"出现在了重庆较场坝。历史地理学专家蓝勇教授在《中国川菜史》中提到，毛肚火锅在民国前期只是桌餐的一道菜品，在 20 世纪五六十年代，其地位不过是川菜的一道小吃。直到七八十年代，伴随着商品经济的活跃，饮食物质的丰裕以及市民文化的兴起，毛肚火锅开始崛起，独立桌席，逐渐成为今日巴蜀江湖菜的头牌。自此，叱咤重庆江湖，风靡华夏大地，属于毛肚火锅的时代，悄然来临。

抗日战争时期毛肚火锅从边缘向中心的进驻，名人的带动可谓是重要推手。毛肚火锅不仅博得了文人雅士的喜爱，军政要员亦不乏其热爱者。

毛肚表面密密麻麻的凸起和间隙，极大地增加了毛肚的表面积，是毛肚涮烫过程中快速扒附调料入味的关键。 摄影 / 吴学文

1942 年的 4 月 1 日，戴笠在军统成立十周年大会上，为了向蒋介石证明其强大的组织能力，竟然调用了重庆全城的火锅，组了一席号称三百桌的火锅宴。

　　魅力无边的是，毛肚火锅不仅冲破了阶级隔阂，也打破了地域分界。中医学史专家陈邦贤出身江苏镇江，抗日战争期间来到重庆任职，入乡随俗地吃上了毛肚火锅，他在《自勉斋随笔》盛赞"毛肚味道鲜脆"，毛肚火锅就酒是越冬的赏心乐事。

毛肚的文化隐喻

　　美国人类学家华琛认为，通过食物这个"透镜"，几乎可以观照社会、文化特征及其变迁的所有方面。烫毛肚扎根于巴蜀大地，一定程度上是契合了当地的文化特点。巴蜀民风向来直爽不屈，南宋年间，

蒙古铁骑横扫欧亚所向披靡，却在重庆合川的钓鱼城遭遇顽强抵抗，大汗蒙哥也饮恨于此，从此改变了世界历史的走向。抗日战争时期，122 师师长王铭章带领川军死守山东滕县，以几近全亡的代价为尔后的"台儿庄大捷"奠定了胜利之基。

　　而火锅毛肚那种爽脆的口感恰好完美地映照出当地人豪爽的性格。"大刀毛肚"是毛肚中的上上品，起步就是巴掌大，大口吞下的同时，享受的就是那种仿若气吞山河的人间快意。四川老作家车辐在《川菜杂谈》之《重庆毛肚火锅》中的描绘很是到位，吃到兴头上，男有"武松打虎式，怒斩华雄式"，女则有"梁夫人击鼓战金山之慨"。甚至在抗日战争期间，面对大轰炸后的满目疮痍，重庆人民在废墟上支起篷子继续大啖毛肚，那种无畏不屈已深入到日常的一箪一食。

　　再者，劳动群众敢想敢干，具有强大的创造性。

手撕能最大程度地保证毛肚的完整。摄影 / 吴学文

牛在中国历史上有很长的禁食史，毛肚进入巴蜀老百姓的肚子，大约始于明清时期。彼时川南盐场很多，用于劳役的牛也很多，不断有病牛和退役牛可供食用。劳苦大众以饱腹为首要，牛肉便成了重要的食用肉类，在产盐重镇自贡，当地盐工创制了水煮牛肉；而在重庆码头，则诞生了毛肚火锅。

当然，今日的毛肚火锅已完成了从船工果腹的食物到市民美食的演变。鲜毛肚所追求的品质，就是那抹无添加的自然本味。在万物皆分级的封建社会，食物有着严格的阶级区分。那时的官府菜喜用各式干货，烹制工艺复杂。因为在物流欠发达的时期，附载了极高运输成本的干货是身份的象征。普通民众仅能简单地填饱肚子，另一个世界的达官贵人们却在烹饪时耗费高昂的时间与人工成本以彰显地位。

细想起来，各地官府菜的地方特色的确远不如庶民美食。因为与官府菜用料上的舍近求远以及烹制上的精工细作不同，贫苦阶层的食物必是就近取材，简单处理。这样一来反而成就了庶民美食的新鲜与本真。时移世易，新鲜与爽脆的毛肚在神州大地上因火锅的流行而供不应求，曾经的底层食物成为大众消费的宠儿，亦可谓庶民的胜利。

沾满香油、蒜蓉的毛肚令人食指大动。摄影 / 吴学文

鲜毛肚从市场上购买之后，需要仔细清洗和检查，确保每一片毛肚都能满足川渝食客们挑剔的口舌。 摄影 / 吴学文

内脏的狂想

NEI ZANG

撰文·甜怡

如果你去问一个重庆人吃火锅点啥菜，对方能像相声《报菜名》似的给你报出一大串：毛肚、鸭肠爽脆弹牙；牛肝、脑花软滑香糯；郡花弹韧、鸭血鲜嫩、耗儿鱼敦实粗厚……

等等，怎么大多是心肝肠肚之流？

这就对了，川渝火锅涮烫食材的精髓，正是口味颇重的内脏。

川渝地区有许多专门的火锅食材交易市场，这些市场就像一座座内脏的大观园。外地人可以在这儿看到形形色色叫不上名字的内脏，例如毛肚、黄喉、鸭肠、鹅肠、牛肝、猪脑等等。而这些食材，会根据新鲜程度、加工方式、产地产区等划分成各种品级，仅是毛肚就分为鲜、冻、发制、预包装等不同品级，每一种品级的价格也会不同。不大的市场里，食材遍地、商户林立，只有资深的买家才能迅速相中自己想要的食材，外人进了这座座大观园，往往只能是望"材"兴叹，徒呼奈何。

每天晚上 7 点左右，市场里的人流开始密集起来，商贩们纷纷把刚到的新货拆箱，在店门口一字排开。夜色越浓，市场里的买卖声愈加嘈杂。待到凌晨时分，喧嚣声才逐渐淡去。隔天，这些品质各异的食材在经过火锅店初加工之后，被贴上不同的价格标签送上餐桌，经过热腾翻滚的牛油锅底涮烫、蘸过香油碟后，被食客们迫不及待地送入口中。

匮乏变奏曲

事实上，川渝民众喜食内脏这事，要比爱吃火锅更早。

李白的名句"蜀道之难，难于上青天"，道尽了古时川渝交通的崎岖难行。因为交通闭塞、偏安一隅，川渝地区相对远离中原士大夫文化，而在士大夫阶层中，吃内脏是特别"下里巴人"的事儿。这一点，从"下水"这个词就可以看出，下水是北方地区常用语，字面上略带贬义。

北京名小吃"卤煮火烧"就是典型的下水食物，是以前底层劳动人民的充饥法宝。而在南方，这个

每天深夜，火锅店采购商推着小车在火锅食材市场里一家家地挑选食材。摄影 / 吴学文

在送上餐桌前，细长的鸭肠要经过仔细的挑选、清洗。 摄影 / 吴学文

词儿比较少见。在川渝地区，如果您冷不丁问一个四川人"下水是啥？"，他也许会懵懂地反问："你是说下水游泳吗？"

同时，川渝地区多高山、少耕地，粮食紧缺是长久的问题，而蛋白质的摄取则更是严重不足。在这个前提下，对于川渝地区的人来说，内脏被认为是获取蛋白质和能量的良好来源。这一点，从川渝人不仅吃内脏，对兔子这种外地不常吃的动物也极为热衷上，也可以得到佐证。

事实上，川渝地区涮火锅时离不开内脏，在日常饮食中也少不了内脏的影子。夫妻肺片、肝腰合炒、毛血旺、泡椒鸡杂、火爆腰花、冒脑花等都是川菜里非常受欢迎的菜品，可能再也找不出一个菜系能对内脏有如此多的演绎方式了。

在吃内脏这件事情上，川渝民众的想象力是无穷的，接受度也大大超过其他省份。心、肝、肚、肾之流只不过是寻常菜式，猪/牛冲（鞭）、猪/牛睾丸和花肠（母猪生殖器官）也被赫然列在川渝人的菜单上。其实从更广义的角度来说，川渝群众眼里的"下水"，也包括动物身上的其他零部件，比如猪头皮、猪天梯(上颚连接牙龈的部位)、猪鼻筋（猪鼻梁筋）、黄喉（主动脉血管壁）、鸭唇、动物眼睛乃至各种血类……

尤其值得一提的是，不管是火锅里涮烫的毛肚、千层肚，还是日常小吃中的夫妻肺片、跷脚牛肉，川渝地区对牛的内脏演绎尤为出神入化，这就与川渝地区自古多食牛肉有关。

除了因为远离中央政权，受禁牛令影响较弱，川渝的地理位置还决定了其牛肉资源丰富。北方的黄牛、南方的水牛、西北的牦牛，是中国主要的三大牛种，川渝地区刚好位于这三者交界之处，丰富的牛种资源给了川渝人烹调牛肉的底气，只要有想得到的料理方式，就能找得到合适的牛肉。

苏轼在流放黄州时，还一直记挂着川中牛肉的滋味。他买下一头得病的耕牛，拉到城外偷偷宰掉，"乃以为炙"，做成烤牛肉，吃得不亦乐乎。在这种情况下，牛身上的各种零部件，包括内脏，当然也不能浪费，有着多种多样的食材和处理方式，可以说匮乏在一定程度上激发了川渝人烹调内脏的想象力。

香料加持史

都道川渝地区嗜辣，明艳活泼的辣椒，确实能与需要厚重调味的内脏相映成趣。但辣椒大约是在明末清初才作为观赏植物传入中国，开始食用更是清中叶之后的事儿了。

那么在辣椒进入中国以前，川人就没有调味料可以去除内脏的腥臊了吗？怎么可能！四川，可是花椒最大的原产地之一。

史料记载，汉武帝平定西南夷后，"夷人以红椒、马同汉人交换盐和布"，汉武帝平定西南夷是公元前100多年的事，这表明四川花椒距今有2000

多年的人工栽培历史，也在餐桌上伴随了川渝人 2000 多年。

　　川渝地区人口主要集中在四川盆地，这是块极大的盆地，面积超过 26 万平方公里，四周的高原和山脉挡住了大部分入侵的寒流，并让温暖湿润的空气得以留存。

　　盆地里"潮气重"，人们相信辛麻刺激的花椒有"祛湿"作用。《本草纲目》也有记载："椒，纯阳之物……其味辛而麻，其气温以热……入肺散寒……入脾除湿……"所以，大量花椒被用于入菜。花椒味辛香、口感麻，不仅能够很好地为食材提鲜增味，也能掩盖掉食物中不被人所喜的异味。

　　最有趣的是，在辣椒传入中国前，中国也有类似口味的调料。唐代诗人王维的诗句"遥知兄弟登高处，遍插茱萸少一人"中提到的茱萸，就是一种味道辛辣的植物。除此之外，姜也是古代川渝地区重要的辛香料。花椒、茱萸、姜三足鼎立，构成了当时人们嘴里的辛辣味道，也为川渝人花式吃内脏铺好了道路。

　　而在时下火锅中，调味料更加丰富多样。在炒制以牛油、菜籽油、豆瓣酱为主料的川渝火锅底料时，会加入花椒、辣椒、八角、茴香、丁香、甘松、葱等数十味香料，它们的香气各有不同，但最终殊途同归：经过精心的配比和炒制后，香料和油脂在高温下相互激发与成就，最终成为了附着在肝、肠、肚、脑、腰上的阵阵香气。

杂碎浮沉录

　　现在，内脏做成的菜肴，既可现身觥筹交错的高端宴请，也能藏匿于街巷码头的市井小吃。内脏在川渝人饮食生活中的地位，也是几经起伏。

　　观念上，人们总觉得内脏是以前穷苦百姓的饮食，但事实上，就像前头说的，农耕文明时代的生产力无法保证日常的蛋白质摄入，广大百姓别说吃肉了，能吃够主食都是奢求，日常副食吃得最多的还是青菜、泡菜、腌菜等。川渝地区虽有"天府之国"的美誉，但在生产力普遍低下的时代，人们的饮食水平与其他地区并没有本质上的差异。动物内脏虽然腥膻味重，但富含蛋白质和油脂，还是得掌握着丰富社会资源的人才能吃到。简单来说，吃得起内脏的，不是有钱就是有地位——古时香料稀缺，食用内脏还需要大量其他佐料来配，普通百姓是消费不起的。

　　不仅如此，中医自古有"以形补形"的说法，这在商朝的《汤神论》、汉代的《神农本草经》以及唐朝"药王"孙思邈的著作中都有记叙，因此动物内脏还被当成补品，认为其可发挥"食疗"效果，这让人们对内脏的珍视更上一层楼。

　　随着经济的发展、物产的丰富，人口较为密集的城市渐渐形成，摄取蛋白质的阶层分化在事实上开始出现。掌握财富的权贵阶层主要以纯肉作

内脏涮烫时间指南

插画 / 张珩

1S=1 秒
1min=1 分钟

10s

毛肚

15s

鸭肠

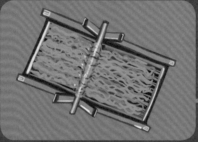

20s

百叶

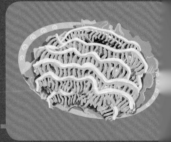

60s

腰片

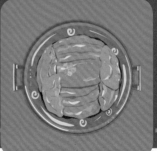

黄喉

3min

郡花

5min

鸭血

10min

猪脑

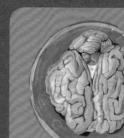

20min

为蛋白质来源，内脏下水则演变成了丰富多彩的小吃供劳动人民食用，老北京的卤煮火烧就是典型。

这情况在川渝地区又稍有不同。因为山川阻隔，中原传统的文化观念对川渝影响相对较弱，老百姓往往秉持实用至上的观念，内脏这类实实在在的荤食不容浪费，因而川渝人对内脏的态度更加开放包容，吃法也更丰富多样。

时间过渡到近代，川渝地区人们的生活水平有所提高，香料供应充足，使用也愈发炉火纯青。当下深受人们喜爱的毛血旺、夫妻肺片等菜品，大多源自这一时期。

到了当代，大规模工厂化的畜牧养殖业让人们不再缺乏肉食供应，可是相应地，人力反倒成了最大的成本。而相较容易实现机械化分割的纯肉块儿，内脏的处理往往需要人工来操作，运输和存储成本也更高。现在美国市场上一般很难见到内脏，重要的原因之一就是在高度工业化条件下加工肉类的过程中，内脏的处理成本高于直接扔掉的成本。而在国内，食用内脏的风俗依旧，一定程度的工业化既提供了充足的肉类产品但又不至于让生产商完全舍弃内脏，每天市场上挑选内脏的顾客仍然不少，只是大多价格早已超出纯肉类了。

有趣的是，和吃辣椒一样，食用内脏似乎已经成为一种彰显饮食文化的挑战性行为。川渝人吃内脏也有内在的"鄙视链"。心、肝、肚、腰都算寻常，吃的越"原味"、部位越冷僻，越是站在"鄙视链"顶端。有人就专注于吃些非常不容易买到的小众货，这类食材需要提前去养殖户家里或者饲养厂预订，买回来后用大量姜、蒜、辣椒等重口味调料爆炒食之。

有人爱吃"原味"。猪肠、猪腰等食材不论如何处理，多少还是留有些异味，要么煮的时候加入大量调料去腥，要么后期用蘸水压味。可有人就偏偏爱吃那个腥膻味，啥都不蘸，煮熟就入口，美其名曰"要的就是这个劲"。

川渝人吃内脏也往往有着自己的小坚持，有人不接受酸辣大肠，却偏爱干煸的；有人不吃心肝，但专吃肚子肥肠；有人爱脑花，也有人专吃眼睛。但不管怎么样，一个完全拒绝食用内脏的人，恐怕是很难和川渝人坐到一桌上欢快地吃火锅的。就像《鱼翅与花椒》的作者扶霞写到自己适应吃"橡胶一样耐嚼的"鸭肠、毛肚时，由衷地感叹道："口感是学习欣赏中国美食的西方人坚守的最后一条阵线。越过了，你就真正钻进去了。"如果只停留在猎奇的层次上，那么你是永远体会不到这内脏狂想曲的美妙的。

面对腥膻的动物内脏，市场里品类繁多的香料是去腥增香的重要法宝。 摄影 / 吴学文

微距摄影下的鸭肠。 摄影 / 吴学文

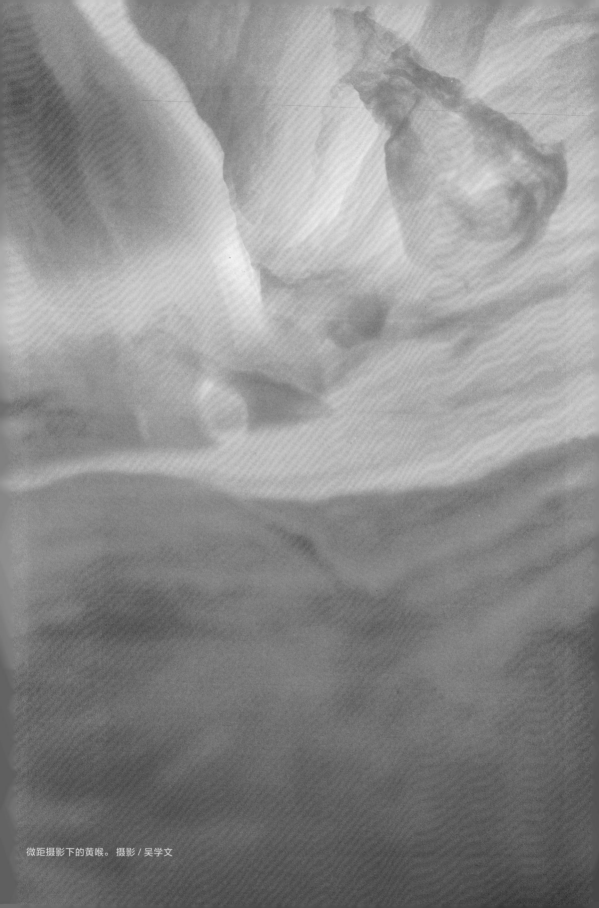

微距摄影下的黄喉。 摄影 / 吴学文

一锅

煮万物

ZHU WAN WU

撰文·甜怡

当下人们对火锅涮烫食材的基本印象是纤薄轻盈、接触面积大，这两个特点既能满足短暂涮烫后食材可快速变熟的目的，也能满足在涮煮过程中食材能尽可能地扒附调料，达到入味的效果。这样一种涮生片、蘸佐料的食用方式其实是火锅专门化、精细化之后的产物，可以想象人类在发明陶罐并装水隔火加热食物时，最为直接的目的就是把收集到的食物给一锅炖熟。

这样的惯性依旧延续在川渝火锅的发展脉络中，既然已经有着一锅麻辣鲜香、滋味醇厚的红汤，那么食材种类和形制的选择往往没有清汤类火锅那么严格。如果用北京涮羊肉的"清汤"去涮烫川渝火锅那些"别出心裁"的内脏部位，我想很多北方食客即使就着最爱的麻酱也难以下咽。

反过来，红汤就不会遇着这样的问题。除了传统的老三样——毛肚、黄喉、鸭肠，川渝火锅在不断地拓展着自己的涮烫边界。例如，在知名火锅品牌小龙坎全国连锁店的菜品点单数据中，"精品肥牛"往往占据了各个省市点单的 TOP1，即使在其大本营成都也是如此。而心思活络的川渝人也不仅仅把火锅限制在涮烫这一种吃法上，各种品类的块儿状、条儿状、片儿状的食材都被一股脑地扔进那一锅火红的汤汁中，炖煮成各式各样的主题食材火锅。

不拘一格的主题食材

从广泛的意义上讲，其实任何主吃某一种食材的火锅都可以称为主题食材火锅，比如贵州的酸汤鱼火锅、云南丽江的腊排骨火锅，而川渝地区流行的主题食材火锅有鱼、兔、鸡、蛙火锅等。在这些形式多样、食材繁杂的主题火锅里，按受欢迎程度排序，鱼火锅可坐头把交椅。因为有长江、岷江、嘉陵江等水系汇流，又有发达的江河捕捞和水塘养殖传统，四川人和重庆人从来不缺鱼吃，关于鱼的名菜也是数不胜数，豆瓣鱼、干烧鱼、酸菜鱼等俱是大受欢迎的菜品，更不用说还贡献了鱼香味这么一款闻名世界的独特味型。当麻辣火锅风靡川渝之时，鱼自然也是不会被放过的食材。

鱼火锅常吃的是鲢鱼。好一点的吃花鲢，差一点的吃白鲢，都是很家常的养殖淡水鱼，虽然口感

蘸着原汤吃兔火锅才能体会到它的精髓。摄影 / 吴学文

鲜嫩爽滑的鱼火锅在川渝地区也大受欢迎。图／汇图网

说不上如何惊艳绝伦，但价格的确实惠亲民。以冷锅鱼为例，成都一般按人均收费，价格 20 ～ 30 元不等，有些店甚至免费提供素菜供客人涮食，吃起来也很随意，一锅鱼可供三人食，也可供四人食。当然，如果你想要吃些更名贵高档的鱼，也没人拦着你，舍得花钱就行。

一般吃法就两种。一种是，切好的鱼头、鱼骨先下火锅炖煮，待熟透再将鱼片、鱼块下锅。鱼肉娇嫩，经不起折腾，食客把握不好烫煮的时间，烫短了不熟，煮久了肉碎。正是因为这个原因，才被有心人研究琢磨出第二种吃法——冷锅鱼。说到底，两种方式大差不差，冷锅鱼就是厨师在后厨提前把汤底调好、鱼肉煮至恰到好处，上桌直接吃即可。吃完肉之后，再开火涮点儿自己想吃的素菜。这样一点儿烹饪流程和名称上的创新曾在成都掀起冷锅鱼的热潮，因为排队吃冷锅鱼的人太多，经常造成街道交通堵塞，是当时餐饮界风头最劲的新星。

鱼火锅吃的就是个鲜嫩劲，活杀现煮是最好的吃法，而有些主题火锅，则需预先处理食材，例如兔火锅。四川人好像总爱剑走偏锋，吃些外地人不常吃的东西，内脏如是，兔肉亦然。川人爱吃兔肉是有数据支撑的：《四川日报》曾报道，四川人一年要吃掉近 3 亿只兔子，而据中国畜牧业协会兔业分会统计，四川兔肉销量占全国市场总销量近 70%。

兔肉本身是一种优质肉类，蛋白质含量高，脂肪含量低，但不够油润、香气不足，而"麻辣鲜香、复合重油"的川菜烹调方式刚好弥补了这个劣势。双椒兔、冷吃兔、手撕兔是无数身在外地的川渝人思念的家乡美味。兔火锅更是让其入味又软烂的上好做法：将新鲜兔肉切块儿，去腥码味，待菜籽油烧熟，爆炒出兔肉的水汽，然后加入特制底料一同

上图：将整兔宰切成块；下图：给兔肉去腥码味。摄影／吴学文

上图：加入特制底料炒制；下图：炖煮一刻钟成熟入味。摄影 / 吴学文

搭配兔火锅的兔头是成都人的心头肉。摄影 / 吴学文

炒制，最后添入高汤炖煮片刻，时间不宜太久，因为上桌后还会再煮一阵子。

在四川人的世界里，"吃兔"有一套完整的仪式。坐下后先啃兔头——泡豇豆味、怪味、折耳根味、青椒豆豉味、麻辣味……反正有各种口味的兔头任君选择，重口的再点个干拌兔腰、烧椒兔肚解解馋。火锅上桌，就可以点火开吃了。汤底沸腾后的半个小时里是吃兔肉的黄金时间，再久了兔肉就有些老，汤底也会变浑。吃的过程中顺便扒拉锅底的素菜，一般是芋头、莴笋、豆芽，最后再涮点儿自己喜欢的蔬菜或淀粉制品，这兔火锅就算吃安逸咯。

除了单打独斗外，主题食材火锅中还流行着混搭风，而这主角就是近乎百搭的特殊食材——肥肠。川渝地区的人本来就是重度肥肠爱好者，关于肥肠的吃法和花样层出不穷，火爆、干煸、油炸、红烧、水煮、粉蒸等都是肥肠华丽变身的法门。肥肠主题火锅貌似也是一个不错的选择，但实际操作中有两个无法规避的问题：一是成本过高（肥肠的食材损耗率高，一斤肥肠卤下来只剩三两；再者打理肥肠需要耗费大量的人工劳动），二是纵使对肥肠一往情深，但全程只吃肥肠的话还是有些油腻，所以最好的归宿就是和其他食材组成"火锅CP"。肥肠鱼、肥肠鸡火锅等仕肥肠的加持下，增添异香和刺激食欲，受到川渝肥肠爱好者的双手赞成，成为混搭主题火锅的代表。

在江湖菜和火锅间游走

蓝勇在《中国川菜史》中把重庆火锅列为"巴蜀第一江湖菜"，认为重庆火锅的早期形态是一种桌餐盘菜，只是因为后来火锅的发展速度超乎想象，甚至获得了和中餐并列的地位，才常常使人们忘记了它初出茅庐的模样。

按照今天人们对江湖菜"大盘大格，主料、调料特色鲜明"的观感，灵活多变、不拘一格的主题食材火锅似乎与江湖菜的直接关联更大。尽管主题食材火锅的底料炒制没有传统重庆火锅那么讲究，但是基本味型仍然是沿着麻辣的逻辑继承下来的。在某种程度上可以说，是重庆火锅的味型影响了江湖菜味道的走向，而江湖菜狂放的想象力给重庆火锅提供了更多的灵感和演绎方式，而演绎的主要方式就是演变成各种麻辣味型的主题食材火锅。

例如20世纪90年代末红极一时的邮亭鲫鱼，本只是鲜美的鲫鱼汤，后来老板抓住市场口味流行的风潮，以重庆火锅的方式入馔，在蘸碟上舍弃了油碟，改用碎米花生、碎米榨菜、火葱花等，变成了风行一时的名菜。另外一道江湖菜芋儿鸡，则是被火锅所借鉴，衍生出芋儿鸡火锅。可以说，江湖菜中汤汁较多、耐煮炖的菜品只要稍加改良即可摇身一变，成为主题食材火锅。

上图：本来不是麻辣味的毛血旺在麻辣火锅流行之后也变成了红彤彤的模样。图 / 汇图网
下图：芋儿鸡。麻辣味型、汤汁多的菜品在川渝地区稍不留神就会变成主题火锅。图 / 汇图网

　　不过这种火锅和菜品界限的模糊性也让一些曾经的味道消失。司马青衫在《水煮重庆》中写道："现在满街红彤彤的所谓毛血旺，大多数是用火锅底料做的，其实该叫'火锅血旺'。"根据《重庆江湖菜》记载，60年代以前的磁器口毛血旺和今天的版本差别迥异。先熬好杂碎豌豆汤，把鲜生猪血旺入汤锅内烫好，盛在碗里，然后加入糍粑辣椒、姜水、蒜泥、葱花、味精、胡椒粉，最后舀上豌豆、肺片、肚片、心舌片，最后肥肠盖面。而现在流行的毛血旺，食材基本就是鸭血、鳝鱼、毛肚、黄喉、午餐肉、黄豆芽、芹菜等，味型偏麻辣红油，基本上就是烫好的小火锅端上了桌。

　　川渝火锅自重庆的毛肚火锅起，涮烫的食材随着时代的变化而不断丰富，汤底也随着不同地域的口味习惯而不断调整。从中分蘖衍生出的主题食材火锅在入肴荤素原料的选择上更是不拘一格，风潮一阵接着一阵。在当地人的记忆里，像蛙类这种现在流行的食材，在数十年前都是不怎么会吃的东西，而现在蛙似乎已经和兔一样成为川渝地区特色食材的代表，"美蛙鱼头"这样的火锅店也已经遍布川渝。

　　在经过不断商业化的裂变之后，传统观念对火锅的限制也越来越小，不同主题食材的革新既让商家不断地明晰自己的定位和竞争优势，也在客观上开拓了更为广阔的火锅市场，食客们也能吃到更多和火锅相碰撞后的食物，像现在名扬四方的沧州火锅鸡本质上也是麻辣火锅的味道在全国扩散后改良产生的"地域特色美食"。

　　由一锅"涮"万物到一锅"煮"万物，展示着这一锅红汤对食材有着几乎无限的包容性，这也是川渝火锅为什么能逢山开路、遇水搭桥一路向前的重要原因。从另一个角度上说，也可以说是对味型近乎无限的吞噬性，就像硬币的两面一样，包容和霸道两种截然相反的特性同时出现在川渝火锅身上。不过也许我们并不需要过于担心后者，因为在辣椒传入中国前，甜麻为主的古蜀味曾经占据了巴蜀人民多久的味觉记忆，而现在还有人能想起这种味道吗？

川渝以内

麻辣之外

MA LA

撰文　詹忆梦

火锅像一个包容的分母，为食物的美味找到了一种合理的形式；每一个带有浓浓地域风格的汤锅，就像是跳脱的分子，成为火锅这个大概念下了不起的小创造。我们可以从中窥见一块块生动的生活碎片——富有地方特色的食材，发达的手工制造行业产出的精致锅器，还有无法单独用辣来概括的奇妙口味……

当那些店面灯光明亮装修时髦、制作流程标准化、品牌连锁化的麻辣火锅主导话语权时，各具特色的地方汤锅也有着自己的发展时间线。它们保存着一方土地的智慧与习惯，同生活在那片土地上的人们一样，既活跃于市县，也走向外面的世界。

一碗跷脚牛肉
一部地方自传

这是一座有着宽阔桥面的古桥，无数过客在此留下踪迹。有的是皮鞋，有的穿时髦的凉鞋，有的踢踏着拖鞋，还有婴儿推车的轮子……像这般人潮涌动、熙熙攘攘的风景，一百年前也是一样。

儒公桥对于苏稽镇意义非凡，峨眉河将小镇一分为二，这里自古以来就是有着繁华市集的商贸中心，是周边人们"赶场"的去处。不论从陆路还是水路看，苏稽镇都处于一个关键位置，它是通向峨眉、凉山等地的要冲，承担着物资转运的功能。现在，它依然是虔诚信徒前往峨眉山朝圣的进香道，同时，也是本地与周边居民享受休闲时光的目的地。一座儒公桥，就这样勾连起了舟楫往来、人潮汹涌的过去与现在。

儒公桥南岸开着"古市香"的第一家店。

创始人张谦匆匆忙忙地赶来，与我坐在店内边吃边聊。张谦说当年她的外婆就在儒公桥边贩卖跷脚牛肉，而她的人生也是因为外婆的这段经历而改变的。

店门口沸腾着一口弥漫着奇异香气的大锅，游客循着香气而来，就找到了乐山名产"跷脚牛肉"的大本营。

张谦的外婆见证了跷脚牛肉风靡数十年的独特魅力。廉价的食材与美味的口感让跷脚牛肉成了往来贩夫的最爱。牛下水虽然不似牛肉一样金贵，

大块牛肉背后，是乐山古市香跷脚牛肉沸腾着的大锅，香气吸引着门外往来的游客。摄影／吴学文

但是经过烹煮处理，更有风味。人们争先将牛杂从滚烫的汤中夹起，将一大块盐当作蘸料。你一口，我一口，人们放松着身体恣意说笑，吃至满头大汗，才是真正的满足。张谦说，苏稽镇是跷脚牛肉的起源地，但儒公桥还不是它最初的源头。顺着张谦提供的线索，故事被定位到距离苏稽镇不到 6 公里的周村。

凌晨，天色昏暗，周村家家户户的灯光却是亮着的，磨刀的磨刀，放血的放血。被称为"宰牛周村"的村子，有着一套从祖辈传下来极为严密的宰牛流程。凌晨宰牛，将一头牛的各个部分细致地解开，再运往各个市场。周村人就这样通过宰牛形成了固定的生产方式，他们的身影活跃在周村附近的道路网中，披星戴月地将牛赶回村中宰割，又将新鲜的牛肉运往村外交易。村民的团结使他们几乎垄断了周边地区的宰牛业。

宰牛如此稳固地和周村的命运绑在一起，或许跟周村的社会结构有关。我从周村人陈志强的手中，得到了一本由周村人编撰的《周氏史书》。书中提及，周村是一个因家族迁移而繁衍形成的村庄，在民国时期，宗族管理还起到了相当大的作用，周氏的宗祠以族长、支长、房长、家长为序管理，宗族提倡各支人要接纳新事物，谋求共同发展，即便是宰牛，也要分工明确，不能干扰侵犯。

跷脚牛肉的发源或许与周村人的经营有关。物尽其用，关乎生意，宰牛人关心牛下水的吃法顺理成章。周村人口耳相传着一种说法：族人周天顺发明了跷脚牛肉，他在烹饪牛内脏的烹饪过程中添加了各种草药，并且将这种吃法传入苏稽。这是跷脚牛肉起源传说中流传最广的版本。

在今天的乐山城区，各大市场的鲜肉销售点几乎都有周村人的痕迹。我隐约察觉，跷脚牛肉的传说既是一种地方美食的自传，也是一部地方居民的自传。周村意味着一个有着动员能力和组织能力的群体，它从村庄走向乡镇，苏稽镇则是培养跷脚牛肉忠实食客的中转站——最终将这一美食文化蔓延扩散至城区。

张谦、陈志强那样聪明热情的后辈经营者，最不缺的就是对传播本土美食的使命感，以及带着跷脚牛肉走向广阔天地的勇气。周村、苏稽镇、乐山城区三个地方组成了一个基于食物的共同体，这种共同体的实现是与地域性休戚相关的。

跷脚牛肉的自传只是流淌在四川的一个故事，但它的完整性已经足以让人反思：我们是否已经习惯了谈及四川就条件反射地想到红汤与麻辣，忽略了基于地域性的多滋多味？是否有无数像跷脚牛肉一样的故事，被我们贫瘠的想象力所忽略？

或许，答案就藏在更具体的四川地图中。

众多的店铺以及巨大的销量，说明乐山跷脚牛肉不仅供游客猎奇尝鲜，更是当地人重要的餐饮习惯。摄影 / 吴学文

几碗 "小汤锅"
一个 "大四川"

在乐山城区，父子两代经营跷脚牛肉生意的陈宽曾经向我提到一个细节：在冬天，精心熬制的牛杂汤上桌没多久就凉了，于是细心的父亲就把小汤锅端上桌，让人边煮边吃。于是，"碗碗"吃法就变成了汤锅吃法。在这里，一个有趣的问题被抛了出来：什么是火锅？

民俗学者江玉祥总结了火锅的三种含义：一是围炉而食的进餐方式；二是就滚汤投进鱼肉蔬菜即烫即吃的烹调方式；三是一种特殊的菜品名称。符合三者定义的，可以视作火锅。当我们把目光转回四川这片土地，会发现关于火锅的答案不止一个。

宜宾高县的"土火锅"和凉山会理的"铜火锅"，都是以锅的特殊器型命名的火锅。

"土火锅"不是"土气火锅"的意思，而是宜宾人用泥土制作的特殊炊具，与金属火锅一样，炉膛用来烧木炭，锅肚用来添加食材。一边精熬细煮，一边添加食材。宜宾人喜爱的这种火锅少了麻辣，而是用时间来等待火锅的浓醇。高汤的味道依赖于食材的精心搭配。粑粑肉、丸炸酥肉、猪蹄鸡块搭配折耳根、凉拌萝卜丝，一顿火锅吃得细水长流，温情脉脉。

会理的"铜火锅"可追溯的历史年头要更久一些。在会理鹿厂还有不少打铜火锅的作坊，这些经过了千锤百炼的铜火锅，代表了一项在当地流传已久的文化遗产——铜火锅制作技艺。

会理当地出产红铜，因此冶铜业高度发达。江玉祥在《火锅考》中提到，明洪武年间开始，会理的矿冶业进入繁荣期，开始大量开采铜矿。到清同治年间，当地铜场铜矿产的年产量达到百万斤以上，成为四川最大的铜矿产地。铜矿开采极大推动了本地红铜锻造工艺的发展。

可以推测的是，手艺的流传也反映了火锅这一饮食风俗在当地悠久的历史。闪着美丽光泽的铜火锅，容纳着丰盛的食物，在视觉上也是极具冲击力的享受。腊肉、腊排骨、肉丸满足了接连不断吃肉的冲动，高汤吸收了食材的精华，变得细腻丰富。等到肉的篇章告一段落，涮上一盘野菜，才到了铜火锅的小高潮。新鲜的时令野菜仿佛还带着山野的气息，经过短暂的高汤烫涮，植物的清香浸润了高汤的醇厚，制造出令人出神的回味。

简阳羊肉汤和乐山跷脚牛肉是以食材来命名的火锅类型。

依老成都传统，人们会在冬至这天喝一碗热乎乎的羊肉汤。这一天，成都的简阳羊肉汤店都需要提前预订，热闹时上百张桌子被摆到马路边上，人声鼎沸。在简阳当地，情形有所不同，这里的人一年四季都有吃羊肉、喝羊汤的习惯。锅里的羊肉、羊杂吃完了，汤色仍然奶白新鲜。这样的好汤是舍不得浪费的，继续将蔬菜放入汤锅，愈发浓郁的羊汤将赋予涮菜新的灵魂。

"会理铜火锅"既是一种器物制作技艺，也是一种以盛具为名的美食。摄影 / 熊俊杰

　　简阳人引以为豪的羊肉来自当地独有的大耳羊，本地话叫"火疙瘩羊"，据说是 20 世纪初从美国引进的羊与本地羊杂交而生。简阳是大耳羊的天然家园，因为地处川中丘陵边缘，生长着黄竹草、黑麦草等优质草种，同时有沱江、三岔湖、龙泉湖等四川省内的著名水系，良好的牧草与天然的山泉水使本地饲养的羊品质极佳。2011 年，简阳羊肉被国家质检总局登记为中国国家地理标志产品。

　　同样是以食材闻名的乐山跷脚牛肉，选取了更加冷僻的食材——牛内脏。众所周知，在中国历史上，农耕为主的社会将牛视为重要的耕种工具，不能轻易宰杀食用。食用牛肉在乐山成为饮食习惯，也有合理的社会背景。历史上，四川是重要的产盐基地。兴盛的盐业加大了对牛作为劳动和运输工具的消耗和使用，累死、老死的牛进入各色馆子，成了餐桌上的美味。这可能是乐山人对吃牛肉接受程度如此之高的原因之一。

麻辣之外
清汤天地几许？

　　当一锅看似"清淡"的汤锅正在面前沸腾的时候，请务必警觉，毕竟白汤不等于寡淡，你永远也想象不到人类有多愿意将聪明才智用在这锅汤的创作上。如果说麻辣味是一个圈，那么麻辣之外的世界就是圆圈以外的

简阳羊肉汤制作并不复杂，其美味主要依靠本地特产"火疙瘩羊"。图 / 视觉中国

留白。这些汤锅并不给人暴烈与刺激的冲击，而是追寻食材之间口味多变的惊喜。

乐山人说，喝汤不如闻香。那些在铁锅中翻腾的牛百叶和牛肚大概不会想到，曾经被弃之如敝屣的自己，竟在巧妙的处理中祛除了腥味，诞生出独特的风味。乐山人大概是把底汤当作了艺术品，那种感觉就宛如排兵布阵，混合了十几种中药材，在不断调整搭配和比例的基础上，这些看似平凡的香料散发出富有层次的香味，就像是天生的征服者，不经意间就俘获了人的嗅觉。

在跷脚牛肉另一个起源传说中，一名对中草药颇有研究的"罗神医"通过草药搭配，成功地祛除了牛杂汤锅的异味，创造出了迷人的风味。"罗神医"的传说真假难辨，但是在生活中，乐山每一家跷脚牛肉店的掌勺都是故事中的"罗神医"。

芳香秘密被这群"罗神医"探索到极致。各家汤锅中药材的名单都有很长一串，但万变不离其宗，大致有以下几样：草果、香果、丁香、香草、白蔻、白芷、桂皮、砂仁、木香、荜拨……天然的药草与牛棒骨、牛下水、老汤、清水同煮，大火煮沸后再转为小火，微沸状态保持两三个小时。"罗神医"们天天早起，不厌其烦地在巨大的铁锅中创造着调味的奇迹。

每一家的配方都有不同。在张谦的家族谱系上，外公开过中药店，外婆又擅长烹饪，母亲过去常在放学后给外婆的摊子帮忙，一家人全是美食的忠实信徒。2002 年，张谦毕业。为了寻找古市香的底汤风格，她与家人埋首于中药材的搭配之中，寻求最理想的味道。舌头是张谦可靠的工具，在尝遍了各种汤后，古市香的灵魂之味得以诞生。

在跷脚牛肉的故事里，无论是那个宰牛的周天顺，或是用草药熬汤的"罗神医"，都是乐山人的化名。它所描述的，是这些乐山人的寻味之旅。他们珍爱朴实的食材，却在调配上下足了功夫，他们不盲目追逐江湖之辣，而是包容万象万物，以不拘一格的姿态打破食物搭配的规则，在麻辣的世界外开辟出属于自己的天地。

相较于跷脚牛肉眼花缭乱的药材配比，简阳的羊肉汤锅实在是有些"简约"了。一口沸腾的大锅中熬煮的是经历了七八个小时的高汤，锅中没有多少神秘物质，只是我们所熟悉的羊大骨与猪棒骨，两者共同成就了底汤的色泽。羊肉与羊杂在锅中烫煮，经过汤的浸润后蘸上一碗腐乳蘸料或是海椒面——似乎这就是我们所能理解的羊肉汤锅的全部细节了。

羊肉汤锅之外的趣闻倒是层出不穷。在报纸刊登的一则新闻中，有人为了赶着回家和家人吃羊肉汤，不惜办假证开车，结果被查处之后愿望落空。一行"羊肉汤怕是吃不下了"的标题尽显惋惜和嘲讽。简阳人告诉我，凡是家里有客人等重要场合，去街上的羊肉汤馆子端一份汤锅回家待客，是家家户户的习惯。这个描述勾起了一个相当有趣的画面：一条街上，人们端着一份份小小的汤锅，人与人之间即便互不相识，汤锅却是从一口锅中分装出来的，宛如每一个小家庭都是羊肉汤锅联结起来的大家庭。

制作跷脚牛肉会使用各种香料，配方每家各有特色，一些中药材也被加入其中。 摄影 / 吴学文

羊肉汤锅所制造的一出出温馨、荒诞而又盛大的场面，来源于它对"鲜"这一味古老而神圣的味觉的尊崇。在盛行热辣红汤的世界，这一锅白汤足以与其分庭抗礼。简阳人告诉我，将炸过的鲫鱼与羊肉汤同煮，是攻占鲜味巅峰的关键。来自陆地和江湖的两种动物肉质提取出的鲜味，带给了口腔清淡而持久的味道。古人造字时，将鱼与羊两个动物拼在一起，成为了"鲜"字。羊肉汤锅将这个古老汉字所蕴含的抽象意味带给了简阳人，在羊肉汤锅以前，鲜的世界混沌模糊，在羊肉汤锅以后，鲜统领江湖。

简阳人当然是最懂得怎么喝汤的。简阳人张仁强学生时生活在简阳的乡镇上，暑假时和家人一起劳动采摘棉花之后，一家人会带着棉花到另一个乡镇贸易。对于张仁强来说，那是一段喝羊肉汤的旅程。在简阳的乡下，人们喜欢把羊肉汤浇在米饭上。一个碗中，既有羊杂，又有汤饭，价格低廉，吃起来也不麻烦，还能迅速地温暖身体，在高强度的劳动之后喝汤，实在是再适合不过。张仁强说，喝汤时他总会郑重其事地捧起碗，先对着汤轻轻吹一口，把葱花吹开，然后沿着碗沿喝上一口，鲜香的羊肉汤顺着喉咙进入了胃里。

鲜汤能够包容每一个人，也能包容更多的饮食方式。在今天的简阳，还能看见赶场结束的老人在羊汤馆子点上一份汤细品慢嚼的样子。年轻人早已发现了新的吃法：用汤锅把羊肉汤继续加热，保持微沸状态，然后烫上一份白菜，或是下点儿面条。

食材一入汤锅，物物皆是新鲜，又何必为霸道刺激的麻辣所诱惑呢。

重现仪式感
创造新关系

敏一嘴和她的朋友们在成都生活。每天早晨，成都的著名街区宽窄巷子逐渐喧嚣起来，她的"三川九味"也打开了大门。这是一家川菜体验馆，厨房是公开的，敏一嘴作为女主人，大开家门欢迎五湖四海的来客，在她的厨房，天南海北的口味碰撞、交融。

宜宾土火锅是敏一嘴心中过年的主角。春节期间，"三川九味"推出了一桌家宴。家宴由敏一嘴一手操办，宴席主菜就是宜宾土火锅。

在餐桌正中央摆放着的，是她特地从老家带来的土锅。从小在宜宾长大，她最不能忘怀的，是小时候年夜饭的仪式感与美好的家庭记忆。外婆从前一天晚上就准备食材，金黄油亮的酥肉从锅中捞起放凉，肉肥瘦相间，呈现透明色。粑粑肉丸子也是手作，肉馅调味，然后用油豆皮裹起来入锅炸。恰好的油温炸出软硬正好的肉丸子。

次日早晨堆食材。底部铺设耐煮食材，一层层地放，最后用粑粑肉盖

宜宾人吃火锅的仪式感体现在码放食材，底部铺设耐煮食材，一层层地放，最后用粑粑肉盖严实。摄影 / 吴学文

严实。一旦点起火，人的目光就再也离不开这在明亮火光中岿然不动的火锅。当火锅开始吐出热气，妈妈伸手夹了粑粑肉，招呼着家人赶紧开饭，表哥用筷子沾五粮液喂她。身量不大的她被抱到藤椅上，还看不到火锅的顶部，必须要再加个小凳子，才能望见这满锅风光。

长大后做家宴的时候，敏一嘴才意识到童年的那段过年时光意味着某种更为惆怅的情感。外婆离世的日子是 1995 年的元宵节，将近九十年的人生，奠定了一个家庭对于土火锅的深情，厨房中的光阴在流逝，宜宾人的家庭结构也发生了改变，这个社会也在变化。

土锅正在退出人们的生活，取而代之的是一种形似土锅但是可以通电的砂锅，避免了添烧炭火的麻烦。粑粑肉和炸酥肉已经可以直接在超市买到，这些固然是生活条件变好的原因，但有些食材已经成为难寻的回忆。

对于在成都想要操办家宴的敏一嘴来说，豆腐得是宜宾的豆腐，小葱得是宜宾的小葱，每一种食材都该是家乡的山水中生长而来的。山水或许不会改变，但人会变，总有些原因让这桌讲求食材本土性和完整度的土火锅，缺了这一块、少了那一块。宛如当年外婆的细心、笃定，在年关将至的时候，敏一嘴调菜备菜，长秆青菜没有卖，得从宜宾发货，葱也要搬过来，还有过去外婆做的大头菜，一一出现在这桌家宴上。

环境、食材、家庭形态都发生了改变，一家人整整齐齐过年的那些年岁已成往事，在新的年岁中，土火锅依然在桌上沸腾着，它是团聚的媒介，在重要的时节将人们牵引到桌前，延续着乡土生活的家庭温情。

汤锅的故事当然远不止这些，延续昨日并非生活的主旋律，对于马不

在成都，宜宾人敏一嘴用家乡火锅招待朋友们。摄影／吴学文

停蹄朝前走的人来说，总有更重要的事情在明天等待着自己。有的人从乡村来到城市，从四川来到重庆，又或离开故土，人各天涯。生活浩浩荡荡，顺流而下，食物也漂流到远方，和人缔结新的关系。

一天，我收到了张仁强寄给我的简阳羊肉汤。那是在结识他的当晚，他提出要寄送羊肉汤给我。当时，我们聊到了他小时候和父母去吃羊汤的故事，还有流传在简阳的古老歌谣，当然也谈到了和父母相聚喝汤日子的远去，原本熟悉的亲人和朋友因为各种原因去往了不同的地方。后来，他要了我的地址，说一定要我尝尝正宗的味道。

从当地熟悉的馆子订好货，再用真空包装打包羊汤与羊杂，现代物流隔天就能到达。在手机那头，他气定神闲地指挥我该如何迎接这份远道而来的食物。历经不到 24 小时的运送，泡沫箱内的速冻羊肉汤还带着冷气，包装中有冻好的羊肉汤和海椒面。只需将它解冻烧开，再撒上一把葱花。喝汤、夹肉蘸料、下菜、烫面条，该有的步骤都不能少。当这一长串信息发过来后，他似乎又像想起了什么似的嘱咐我，这是十人份的羊肉汤，你多叫些朋友一起吃。

多叫朋友，他又跟我说了一遍。

成都

串串江湖

CHUAN CHUAN JIANG HU

撰文 · 贾茹

一到傍晚时分，成都大街小巷里就透着一股子辛辣气。一把竹签，串牛肉、串郡肝、串肥肠，浸泡于一汪火红色的汤汁中咕嘟作响，氤氲着成都人的热情，也彰显着这座红油火锅超过两万家的城市，对于辣味美食最诚挚的敬意。

成都人吃串串，没有那么多需要讲究的繁文缛节，却自带一种约定俗成的节奏。落座、拿菜、上锅，这边炉子还没正式点燃，那边作为灵魂之笔的味碟已经端上了桌：油碟清亮，加入蒜泥、香菜和葱花，能恰如其分地将香辣一味封存在最美好的一瞬；干碟馥郁，佐以黄豆面、花生碎，迅速提香提纯，并使之在唇齿尖完美释放；原汤碟醇厚，给了原味更高层次的升华，又裹挟着一丝蓄谋已久的辣意。

真正的成都人，偏爱在味碟中突显其随心随性的洒脱，从不按常理出牌。一盘干碟，淋入一盘原汤浸润，最能摄取"夜行动物"饥饿的灵魂。若是喜欢，再加点儿香菜、葱花，集三种固定味型之大成，自然也会让人寻觅到"标配"之外的窃喜与刺激。

外地人多有不解：成都人那么爱吃火锅，为什么对串串依旧如此痴迷？

严格意义上来讲，串串属于火锅类别中的一支，也是川渝火锅的一种形态。串串和火锅虽味型类似，但从做法、吃法，再到成都人对二者的看法上来讲，却大不一样。从外形上看，火锅和串串，就是菜装盘还是串签的区别。但从流行时间上来讲，早期的串串因为价格便宜，对环境没有要求，更先于火锅兴起，也更受成都人的喜爱。

比如我今天想吃火锅了，但又不想吃得太多、太正式，那我可能会选择串串。它更临时，更市井，更包容，没有正襟危坐，不必推杯换盏。暖黄色的烟雾升腾，头皮一松，眉头一平，食过三巡，皮带再松一扣，一天的忙碌和焦虑，在一根根签子里安放、释然、烟消云散。

嫩牛肉和香菜是串串里的最佳搭档。图 / 汇图网

串串 1.0：从自行车架到登堂入室

成都的串串大概兴起于 20 世纪 80 年代初期。乐山地区 "把食材串到签子上吃" 令成都街头开始出现一种随机性和流动性都非常强的吃食——麻辣烫。

那时候，商业场天桥底下、华兴街、青年路、科甲巷、草市街，以及未来号天桥和骡马市一带，聚集着大量追求时髦的年轻人，各种卖麻辣烫的小贩就推着自行车穿梭于人群中。车后面的架子上，一边是用筲箕装着的菜，皆已串好；另一边则是用蜂窝煤炉子架起的锅。自行车推到哪儿，香味就飘到哪儿，就这样捕获着一个又一个躁动的胃。

早年间香油贵，吃麻辣烫就蘸菜籽油打底的清油碟。最早的牛肉，就只码了海椒面，再用细细密密的竹签一串，一把把地放进锅里烫。渐渐地，很多商贩发现，砂锅太重又不方便携带，于是就用更加轻便的锑锅（铝锅）代替。锑锅上有两个把手，为了方便提，商贩们把电线拴在两个把手上拧成一股——这便是最早期的 "手提式麻辣烫"。

手提式麻辣烫泛滥于当年的学校门口，很多上了年纪的大爷人妈推着小车来摆摊。拿塑料瓶子将香油倒出，浸湿盘子里的干辣椒面，串上切片的大头菜、土豆，一蘸，便是一片火红灿烂。地摊和自行车时代的手提式麻辣烫之后，成都才逐渐出现串串店。最开始是在平房，好一点儿的，也就是某个小区的一楼——破一道墙，摆几张桌子，串几把菜，蜂窝煤炉子一烧，生意就做起来了。

1989 年初，在成都点将台椒子街的一间平房里，一个大妈带着女儿做着串串生意。那时候，大妈还年轻，女儿也还没成家，店里拢共才 5 张桌子，串串店也没有正式的招牌。时间长了，客人们就自发地叫它 "老妞儿串串"（"老妞儿"：成都话是形容上了年纪的妇女）。

老妞儿串串一直很有特色：桌子板凳都是打眼的正红色，凳子不高，锅底的油水也不大，但他们家的牛肉、郡肝、郡把、兔腰和鸭肠的味道却是绝佳。直到 1993 年，点将台街开始旧城改造，大妈一家就地返迁，把串串店从平房搬到了小区里面，在大院一楼破墙开店。

串串 2.0：煤油炉子和 1 角 2 的记忆

1991 年 ~1992 年，受到诸多连锁火锅店的影响，成都的串串店开始注重就餐环境和服务。

那时候，成都二环路内不允许使用蜂窝煤，所以成都串串店的炉子大多烧煤油。清油锅底加煤油的气味，是 "70 后" "80 后" 成都人对串串香最早的嗅觉记忆。

1992 年，华西医院背后的桓侯巷成了串串店的争霸之地。1993 年，

在成都街头巷尾的树荫里支上方桌，摆上凳子吃串串，才最巴适安逸。摄影／李志勇

老资格成都人才知道的袁太婆串串香。摄影／孙晓晨

一家名叫"红福春"的串串店在这里起家，50 多张桌子，全巷独大。当时桓侯巷流传着一个说法："这条巷子里挨厕所最近的那家串串最好吃。"说的便是这家"红福春"。

90 年代的串串江湖，前有梓潼桥"王梅串串香"的一座难求，后有"玉林"和"袁记"的门庭若市。成都的串串店在万家争雄的棋盘上浮沉的同时，也渐渐开始有了些品牌意识——店名有了注册商标；干辣椒面蘸碟申请了品牌专利；连店内的桌椅板凳也讲究了起来。即便没有声势浩大的排场，也要力求在细枝末节处展现出精巧用心与别具一格。

在这期间，万年场小区的长天路上，第一家串串店开张了，取名"周记串串香"。那时候，东二环一带还是成都人认知里的"城乡结合部"。附近的麻将馆里，中年妇女们在桌上大杀四方，饿了，就在周记点上一碗火锅粉，烫几把串串。粉嗦光了、菜吃完了还不算，对这些妇女来说，要连汤带水地吃到碗见底，才是对周记最大的赏识与回敬。

90 年代末，学道街旁边的燕来小火锅人声鼎沸。香菜牛肉是招牌，即便是爱吃辣的成都人，也不得不被这一小颗又嫩又入味的白味牛肉所折服。那时候，成都串串大都卖 1 毛钱一串，而燕来的串串却要 1 毛 2 一串。时间久了，老客人就干脆叫它"1 角 2"。

"1 角 2"串串店的水泥地面见证了食客们那些不为人知的热切。外面的人着急进来吃，里面的服务员也匆忙，无数的急切与慌张，导致锅碗里的油汁汤水洒到地上。时间一长，原本粗糙硬实的水泥地面，便凝固起了一层老旧的油脂，走路都会有"嘎吱嘎吱"的声音，一不小心，还要绊跤子。

串串的食材和火锅一样，只要适合涮烫，来者不拒。 摄影 / 孙晓晨

串串 3.0：厕所串串门前的哈雷摩托

2000 年后，成都人的生活质量有所改善，吃串串不再只是一种底层人民的生活方式。在成都人看来，彼时的串串店已达到可以宴请宾客的标准。后来，"六婆串串"开到成都，一开就是很多家。除了腰片和脆肚这两样招牌中的招牌，六婆家的翠红辣椒面似乎拉开了成都串串店间的干碟之战。

2004 年，西丁字街"金三角串串"的老板要把铺面转租，刚好遇上桓侯巷红福春的杨大爷来找他盘铺子。于是，当年红极一时的金三角就变成了红福春，顾客的脚步远赶不上杨大爷数钱的速度。

2006 年左右，"老万手提式串串"在玉林中路旁的蓓蕾街掀起了一股手提式串串的复兴之风。同时期开张的一大批串串店，都打着"手提式串串"的招牌，遗憾的是，此时的"手提式串串"的味道早已非彼时。

唯一能与当年味道相媲美的，大概要数东光小区的一家店。店名直截了当：手提式串串香。老板每天都会在昏暗灯光下一口巨大的锅前一把一把地烫着牛肉，又一篓一篓地冒火锅粉。菜品不多，就那几样。选好之后，老板也没有太多的言语，只是努努嘴，意思是：放这儿就可以了。

牛肉大颗，一口两三串最为过瘾。味道是码过的，却也透着那么几分早年间那种简单又没有野心的味道。湿、干碟火红、清亮，和蒜泥交裹在一起，堆叠成一座小山，在铁盘的角落，等待绽放。

老板活儿好，老板娘话儿多，一静一动的搭配，干起活来自然不累。老板娘说，他们最早是从春熙路起家的，这么多年下来，她一共收了 47 个徒弟。当然，这些徒弟也不是个个都争气，有人学了手艺，就开始嫌弃庙小，自己出去，做火锅、做鱼，可最后呢？老板娘的原话："死得冰欠！"

"现在成都的手提串串儿，生意好的，做得起走的，就三大派系：一个是我，一个是我妹妹，还有个是我侄女。"一个晚上，老板娘上蹿下跳，老板只是在一旁忙碌，闲下来的时候，就喝几口素茶，

东光小区的手提串串老板，话少串好。摄影 / 孙晓晨

手提串串的花样不多，但都经住了时间的考验。
摄影 / 孙晓晨

依旧沉默不语。

2007 年，中道街的"康二姐"串串火了。因为生意火爆，又带火了对面原本生意冷淡的"卢妈冷锅串串"。隔年，"西安南路一枝花"李孃带着全家老小，在小区门口摆摊卖串串。一个玻璃柜，两口电饭锅，三大盆卤菜。李孃在咸味和辣味上下手生猛，你问有多辣？那时的西门少年通常会回答："如泼妇骂街。"

也是在这一年，刘凡和朋友在城里开了一家串串店。店铺没有名字，旁边就是公厕，很多找不到位置的客人都免不了要听一句"你找到公共厕所就找到这家店了"。于是就有了成都人心目中足以封神的"厕所串串"。

在那个还没有微博微信的时代，厕所串串被当时的各大新闻节目、报纸杂志争相报道，成了一代成都人印象中第一家独具网红气质的串串店。很多食客慕名而来，生意最好时，一天要排 200 多个号。万众期待之下，刘凡打算为厕所串串开几家分店，注册商标、申请连锁一条路走到底。结果一出门，才发现街上到处都是"厕所串串"。

模仿他的李鬼少说有几千家。一气之下，刘凡选择退回原点，把一家店做精做好，顺便还改了个长达 14 字的店名——"成都仅此一家绝无分店厕所串串"。那时，刘凡专门买了一辆哈雷摩托停放在店门口。有记者来问他哪家厕所串串是真的，他就回答："有哈雷摩托的厕所串串才是真的。"刘凡表示他不信，在那个年代，模仿者还能有买得起哈雷的能耐！

串串 4.0：网红时代

而后的两年，成都的西门相继火了"瓜串串"和"毛线签签"，紧接着，油篓街火了"煤油炉子串串"。2010 年，成都正式进入冷锅串串时代。无须再热锅点火，你只用把菜选好递给师傅，端上桌的，是一口热油汤底的冷砂锅，经过师傅的专业涮烫技艺，菜、肉皆已达到最完美的状态。

两年后，赶上成都串串的井喷时代。新鸿路的"何老三"、一品天下的"啖三花"、罗马假日广场的"冒椒火辣"，都盛行于此时。此时的冷锅串串，干碟就是王道。"怂嘴儿串串"的老板在原来的干碟中加入了青花椒面这一味秘方，而啖三花的老板独创七彩干碟。迄今为止，这些都算是成都串串史上里程碑式的改革。

2013 年，成都的串串店突然开始在牛肉上大做文章。大签串的赶口过瘾，小签串的适口入味，甚至有人开始在牛肉里夹野山椒，以确保辣味的渐强和更替。隔年，新鸿路附近有了"田席干拌串串"，石人小区有了"桃花签"，各路老板开始在菜品的研发和饮品、甜品的搭配上费尽巧思。串串之于成都，开始有了最早期的网红气质。

直到 2016 年，"马路边边麻辣烫"在致民路开业，院坝式的装修，方桌子、方板凳、锑锅、筲箕的熟悉配置，正式把爱吃串串的成都人拽进

闷热的夏夜、赤膊的上身、混乱的街巷都是成都串串的烟火气。摄影 / 孙晓晨

了串串的网红时代。2017 年，原版"钢管五厂结子串串"被查封，而连锁式的"钢管五厂小郡肝"却遍地开花迷人眼。

成都人的串串，足以串成一部历史。

如今，燕来小火锅已经翻新，厕所串串的辉煌早已变得黯淡，长天路上的周记串串香也不复存在。但你不得不承认，这么多年，煮串串的锅在变，炉子在变，装菜的器皿在变，锅底的温度也在变，只有成都人爱吃串串的心，一如既往。

当然，随着串串的种类日渐丰富，关于串串的概念，在很多人的认知中也开始变得模糊，甚至出现了差异。

在成都人看来，麻辣烫四川独有。它区别于全国范围内对于佐以麻酱为主要配料的冒煮菜类的统称。四川地区的"麻辣烫"，就是近似于串串香的一种存在。串串香则是麻辣烫有了更稳定的环境、菜品和调味之后的统称。它代表了 90 年代初期至今，成都人对于串串的一种记忆、一份情怀，亦是

曾经无数次的一时兴起。

市面上的钵钵鸡和油炸串串，常因为相似的形式和串串混为一谈。钵钵鸡是将熟食串签后再泡冷汤底；油炸串串则是串好菜肉后，在卤油里油炸过的美食。仅仅是"把食材串到签子上吃"就有着多变的技艺，体现了四川人在美食审美上的独有品味，以及各种灵感爆破后，让食物熠熠发光的智慧。

400 多年前，当中国人第一次与辣椒相遇，一定没有想到，在很久以后，辣这一味，会在成都串串里得到如此率真的体现。从重庆到成都，火锅到串串，川渝人在解读辣味上自成体系。一把串串，涮出了巴蜀市井里独有的从容明朗和江湖豪气。

过去人们总爱渲染成都的悠闲和舒适，却没有人真正追溯到这所谓慢生活的源头。也鲜少有人知道，成都人的焦虑、忙碌与辛劳，全都消解在了这一汪赭红色的汤里。美食之后，那句"老板儿，数签签儿"回旋于夜幕之下，是爽朗，是直率，也是无数个成都人迈过心坎儿，跟自己和解的声音。

铜锅、煤气炉、木桌竹椅和成把的串串把成都人带入旧时光的回忆里。摄影／李志勇

川渝火锅

CHUAN YU HUO GUO

最佳搭档

撰文·罗熠

　　若问起川渝火锅的特色是什么，很多人都会想到独特的鸳鸯锅、九宫格锅型以及醇厚的麻辣锅底、变化多端的蘸料、千奇百怪的食材等，但很少会有人提起川渝火锅的另一个特色，那就是极其丰富的小吃品类。

　　相比其他的火锅类型，川渝火锅的小吃种类特别多。时至今日，随便走进一家火锅店，哪怕锅里的东西你一筷子都不吃，光吃各种小吃也能尽兴而归。

　　实际上，早期的川渝火锅只是川菜中的一道菜品，例如1960年重庆市饮食服务公司编撰的《重庆名菜谱》，其中的"桥头火锅"就是被作为一道菜品来介绍的。直到20世纪七八十年代后，火锅才逐渐独立出来，完成了从单一菜品到独立成席的蜕变，日益取得与"中餐"并列的地位。

　　火锅的发展史，也是火锅菜品的丰富史。早期的火锅，菜品远不如今天丰富，像午餐肉、虾饺、虾滑、耗儿鱼、巴沙鱼、海带芽、鸡蛋干这些菜品都是后来才加入火锅大家庭的，自然更没有其他形形色色的小吃了。

　　随着火锅日渐风靡全国，各色小吃也开始逐渐向火锅界进军。首先向火锅界扩张的，便是一些四川的传统小吃，例如酥肉、冰粉、凉糕、醪糟、糍粑等等。它们在加入火锅大军之前，都早已是深受巴蜀人民喜爱的明星小吃，各有各的一方领地和拥趸，也有着不逊于火锅的普及度。但在火锅宛如超新星爆发的光芒下，它们又先后被吸纳进火锅大军，和红油汤汁中翻滚的各色菜品一起攻城略地，无往不胜。

　　那么，哪些小吃成功地加入了火锅大军，又有哪些被拒之门外呢？

　　我们不妨从火锅店的"小吃铁三角"说起。

冰粉在经过多年的发展后，添加的花样越来越丰富。摄影 / 吴学文

"小吃铁三角"

在这些加入火锅大军里的新生力量中,战功最为显赫的,无疑是现炸酥肉、红糖糍粑和冰粉。可以这么说,你想找到一家没有这三种小吃的火锅店,简直比登天还难。

当你看到有人去某家火锅店就是因为这家的酥肉炸得特别好吃,或者看到各家火锅店在冰粉的配料和口感上挖空心思创新,便能体会到"铁三角"的受欢迎程度了。

酥肉,一直是川渝地区普及程度极高的明星小吃。逢年过节时,家家户户都会炸一大盆酥肉,民间宴席上的"八大碗"也总是少不了一碗蒸酥肉。但在一般的川菜馆里,酥肉的发展却一直不温不火,大概是因为它太家常了,难以获得点菜者的青睐。酥肉又讲究现炸,店家不太可能为寥寥无几的点菜者随时预备一大锅沸油。但在火锅店里,酥肉却意外迎来了事业的第二春。原因无它,只因为酥肉实在是太适合作为吃火锅前的垫肚小吃了。

刚出锅的酥肉,颜色金黄,带着油炸的香气,蘸上一点点花椒粉,轻轻一咬,尚未完全凝固的油脂在齿间爆开,与面粉、花椒混合成一曲美妙的食物交响乐,成为即将到来的饕餮大餐的前奏曲。

红糖糍粑虽然貌不惊人,但却是辣椒传入四川前的古老巴蜀风味——嗜甜与食糯传统的继承者。经过油炸的条状糯米面团,外壳酥脆,内里绵软,裹上一层红糖汁,撒上黄豆粉,入口香甜软糯,既能果腹,又能驱散麻辣,无怪乎能成为火锅的"黄金搭档"了。

不过说到驱辣,还得数冰粉的实力更胜一筹。冰粉据说起源于四川彭山,由于制作方便,加之 Q 弹的口感、冰爽的滋味,使之成为风靡整个西南地区的夏季消暑佳品,还从最初的红糖冰粉衍生出了糍粑冰粉、干果冰粉、红豆冰粉、玫瑰冰粉、银耳冰粉等琳琅满目的品种。而在遇到了麻辣火爆的火锅后,它又迅速成为火锅的灵魂伴侣,无论四季,始终相伴。

同时,川渝人民对冰粉有着自己的底线:一定要充满密实小气泡的手搓冰粉才能入得了口,那些几块钱一袋的"冰粉粉"调制出来的玩意儿,只配给懒得动手的人临时解个馋,是万万不能出现在有追求的火锅店里的。

垫底和解辣才是王道

从火锅店"小吃铁三角",我们似乎可以窥见加入火锅大军的小吃的特点:多为甜品、冷食、高碳水食物。就像中药配伍讲究"君臣佐使"一样,火锅和小吃也各有各的分工。一般来说,小吃承担弥补火锅缺点的任务,所以它们一般必须具备两大功能。

其一是垫底、果腹。

自上而下，冰粉、红糖糍粑、小酥肉，三位"铁三角"永远不离不弃。插画 /Lanski

火锅与传统中餐有一个不同之处，那就是在锅端上来之后、菜品烫熟之前，存在一个"空窗期"。在这段或长或短的时间里，大家总不能只干坐着聊天吧？更何况一些好酒之客，甫一坐定便急不可耐地打算觥筹交错了，空着肚子喝酒未免太伤身体。所以在川渝火锅店，一般点菜的人总会先叫几个小吃来"垫垫底"。

另外，虽然大家印象中好像一直在吃，但涮烫占据了很多时间，加之菜品大多分量较小，"填肚子"效果不佳，其实并没有想象中吃得那么多。为防有人没吃饱，或者照顾有些不太能吃辣的人，点一些碳水含量高、便于果腹的小吃也就理所当然了。

前面所说的酥肉和红糖糍粑，便很好地承担了这种果腹的功能。除此之外，火锅店里常见的类似功能的小吃还有南瓜饼、葱油饼、金银馒头、麻圆、黑米糕、紫薯糕等。

其二是镇辣、解腻。

众所周知，川渝火锅的卖点就是麻辣（白锅 /清汤锅这种"异端"只是为了照顾不太能吃辣之人的权宜之计），但就算再能吃辣的人，一直不停地吃也会让舌头和口腔不堪重负。所以在吃火锅的过程中，就有必要搭配一些能镇辣、解腻的小吃，让味蕾"满血复活，继续上工"。

那么，什么样的小吃才有这个作用呢？其实不光阴阳五行能够相生相克，各种味道也有生克之理。经古往今来无数食客的亲身验证，能够有效克制麻辣的，便是甜食与冷食。甜味可以中和麻辣对口腔的刺激，冰或凉的口感则可以缓解辣椒素带来的烧灼感。

兼具甜与凉的小吃，例如冰粉、凉虾、凉糕、甜豆花以及重庆人民喜欢的冰汤圆，自然是镇辣解腻的首选。相反，各种咸（如叶儿粑）、辣（如凉粉凉面）、烫（如热汤圆）的小吃，虽然平时也较为常见，却很难在火锅店里受到欢迎。

说起火锅的"解辣神器"，则必须要提到虽然不是小吃，但在火锅店的饮品界一枝独秀的唯怡豆奶了。这种由四川本土企业蓝剑集团推出的老牌植物蛋白饮料，就像北京的北冰洋、西安的冰峰、新疆的大乌苏一样，已经成为了"地域标志性产品"，在川渝地区，你几乎找不到一家不卖唯怡的火锅店。

唯怡如此受欢迎的原因，居然也有人给出了"科学"解释：唯怡富含植物蛋白，且脂肪含量较少，可以将辣椒素轻松冲刷掉，阻止辣椒素对口腔的"辣感"。看来唯怡在火锅店里一统天下，可不仅仅是川渝人民的怀旧情结所致。

吃火锅需要主食吗？

在火锅店里，"主食"是一个存在感很弱的概念，比如在川渝火锅店里大受欢迎的蛋炒饭，究竟算主食还是小吃，我看难说得很。

在川渝地区的人看来，来一碗香气四溢的蛋炒饭，配上一份清爽的泡菜，一顿火锅才算是真正吃完了。蛋炒饭看似简单，其实很考验手艺：既不能太粑，也不能太硬；既不能太油，也不能太干。理想状态是大米粒粒分明，口感蓬松又有点嚼劲，蛋花要打得够碎，火腿粒要切得够小，配套的泡菜也不能过咸或过淡。总之，一碗蛋炒饭可以看出这家火锅店的诚意，甚至成为食客下次再来的理由。

从这个角度讲，无论是食客还是店家，对蛋炒饭这种认真的态度，让它似乎更适合归类于一款小吃。吃完火锅总得来上一碗蛋炒饭的习惯，既展示着火锅早已融入川渝人民的日常生活，同时也潜藏着火锅曾经只是一道菜品的历史痕迹。

与蛋炒饭相似的还有拉面。原本拉面和火锅店很难挂得上钩，但海底捞推出的现场拉面大获成功，几乎成了到店必点，很多人甚至点一份拉面就是为了看拉面小哥的表演，这时候拉面表演的娱乐性已经大于果腹的需求了。

唯怡豆奶，经久不衰的川渝地区国民饮料。
插画 /Lanski

层出不穷的新品小吃

川渝地区的人民有一个由来已久的特点，就是兼容并包，从不避讳"拿来主义"，更擅长将外来事物化为己用。毕竟在这块外来移民占绝对优势的土地上，因循守旧实在毫无意义。

川渝火锅其实是一种很年轻的饮食品类，广泛流行至今也不过 30 来年。但就在这几十年里，火锅已经经历了无数次创新，从早期单一的牛杂火锅（毛肚火锅），到现在菜品越来越丰富、吃法越来越多样、锅底和蘸料越来越多元，最终以一己之力，造就了餐饮市场上能和中餐并立的火锅帝国。

小吃，已经成为火锅店里必不可少的一部分，自然也要在发展的路上推陈出新。

这些年来，很多火锅店本着"让不爱吃辣的人也能尽兴"的原则，推出了无数令人耳目一新的小吃。这些小吃可能是发源于传统名点，也可能是中外合璧，诸如奶酪鱼柳、艾草小甜心、茴香小油条、炒酸奶、油炸冰激凌……新款的每一次闪亮登场，

游走在火锅食客间售卖麦芽糖的小贩，展示了川渝地区的随性与包容。摄影 / 吴学文

茴香小油条，近年来川渝火锅小吃里爆红的新星。图 / 汇图网

都为火锅店增添了几分新的吸引力。

与此同时，来自天南海北的外来小吃，也纷纷向火锅店进军。一个最典型的例子，就是未必来自印度，却在各大火锅店站稳了脚跟的印度飞饼。

飞饼既不是本地特色，也不是传统名吃，是谁引进火锅店的已无从查考，但却迅速流行于整个火锅界。刚烤好的飞饼外层焦脆，内层绵软，还发展出了香蕉、菠萝、榴梿、椒盐等诸多口味，口感层次极为丰富，就连制作飞饼的流程，也颇有观赏性，令人赏心悦目。

此外，还有来自江南的抹茶青团、岭南的双皮奶、台湾的绵绵冰、东南亚的西米露，都纷纷在火锅店里登台亮相。来自广东的凉茶甚至还因其"清热解腻"的特色正好契合了火锅的痛点，成为唯一能够威胁到唯怡豆奶地位的饮料。

在火锅诞生之初，无论是店家还是食客，估计都未能料想到：作为火锅配角的小吃，竟然能发展得如此洋洋大观。当然，不管以后经营者们如何在小吃方面挖空心思创新，也不会让火锅店变成小吃店。毕竟我们每次动起去火锅店大快朵颐的念头时，最主要的目的还是红汤里翻腾的麻辣滋味，小吃纵然千变万化，始终只能是作为火锅的配角存在，难以喧宾夺主。

丰盛的食材和沸腾的汤底是团聚时最好的注脚。 图 / 视觉中国

攝影／吳學文

CHAPTER 04

川流不息，奔向未来

园林火锅　疫情

重味不可逆

网红　直播带货

拔葭供

重庆九宫格

涮羊肉　打边炉

原子化　单身经济

酸菜白肉锅

一人锅

火锅＋

自热火锅

摄影 / 咔咔

我们为什么爱火锅

AI HUO GUO

撰文·张佳玮

全世界人民都爱的火锅

广义的火锅，即"就着锅煮熟来吃"，其实古已有之。

中国古代有所谓"列鼎而食"，又有成语"钟鸣鼎食"，差不多就是如此：鼎格局颇大，往往是一鼎烹就，大家一起吃。用鼎煮食，大概就类似于现代一个超大型火锅吧？

三国时，曹丕曾赐给钟繇一个"五熟釜"。曹丕给钟繇写信说，古人用鼎，都是一体调一味；五熟釜好啊，可以调五种味道。这么看，"五熟釜"似乎是个分格锅，感觉类似于现代鸳鸯火锅？

宋朝时，火锅已经很流行了，北方有着很成熟的一鼎煮肉技术。据说辽国人很喜欢加料：黄鼠——当地叫作貔狸，用羊奶饲养大。往已放有一堆肉的鼎中，再放进一只黄鼠的肉，将全鼎的肉都炖得酥烂。而当时的南方已出现涮兔肉：林洪在《山家清供》中写到，他曾游览武夷六曲，在雪天抓了只兔子，山间没有厨师，便听了友人的主意，将风炉安在座上，将半铫子水煮热了，把切成薄片、用酒和香料腌制后的兔肉夹进水里涮了吃——大概这是所谓山家吃法，猪肉、羊肉也能照此处理。不算精致，但有野趣。于是乎，这吃法慢慢地流传下来了。

元朝时，来自塞外的蒙古人，很习惯类似的吃法。到明朝，北京人也习惯了吃火锅。刘若愚有本《酌中志》写了明朝后期宫廷的各方面内容，其中提到明熹宗喜欢吃一种杂烩锅："炙蛤蜊、炒鲜虾、田鸡腿及笋鸡脯，又将海参、鳆鱼、鲨鱼筋、肥鸡、猪蹄筋共烩一处。"

感觉像是海鲜杂烩锅？如此这般，可见火锅这吃法并不神秘。热锅煮着现吃，在不同文化中都有。

法国和瑞士边境一带，大家都爱吃瑞士干酪火锅，正经的瑞士干酪火锅叫作 fondue，是法语"融化"的意思：锅不大，锅底浓稠的干酪被炉火烘软，缠绵不已。所用餐具，乃是个细巧的长杆二尖叉，用来叉食材下锅。没有北京涮羊肉那种"涮熟"的过程，更像是卷了缠绵的干酪直接就吃。涮料也少，传统吃法是酥脆的干面包配干酪。面包疏松，干酪无孔不入，钻将进去，便成一个密不透风的面包球酪。外软内酥，味道极好。也有土豆或火腿配干酪的吃法。

法国南部，惯于用蒜蓉和白葡萄酒来焖煮贻贝，不只一锅贻贝鲜浓可口，熬出来的汤汁也不错。有些小店铺就卖贻贝锅，将炸脆的薯条、撕碎的面包、片好的火腿乃至香肠下锅，加热两回。当然，锅不大，所以也等于是每人分配个小锅了。

日本人也爱吃火锅。有名的就是锄烧（Sukiyaki），有传说是因在锄头上烤肉而得名。现在的惯常做法，是以牛油为底，牛肉略烤过，加酱油、味霖等调味，再下煎豆腐、魔芋丝、金针菇之类，涮起的肉蘸蛋液吃，也就是寿喜烧了。

日本人吃火锅，好像很看底料。比如螃蟹底，就叫螃蟹锅；河豚为底，就是河豚火锅。还有所谓丸炊：鳖、酱油、酒，一起用土锅焖煮。也有清淡的，即所谓涮涮锅：用昆布、鲣节做汤底，随便涮点什么。

中国丰富多彩的火锅

当然，论到火锅内容的华丽，还是我国了得。且如上所述，不同的锅，也体现不同地方的食物风貌：瑞士则奶酪锅，南法则贻贝锅，日本则寿喜锅。我国地大物博，锅也多些。

比如，我在冬天的营口吃到过酸菜白肉锅。经霜白菜，腌渍过后，酸爽可口。锅里下酸菜、白肉、血肠，更是必需的。又东北山珍海味多，蘑菇、山鸡、粉丝、木耳、白鱼，什么都能下进锅里去。我也吃过大锅炖鱼：大块开江肥鱼、五花肉片、老豆腐、粉条在锅里慢熬着；吃着吃着，冰冷的指尖和脸庞都慢慢"融化"了，连酸带疼到舒服直至出汗；到要吃粉条时，已经进入鲁智深所谓"吃得口滑，哪里肯住"的阶段。我极爱吃东北锅子的冻豆腐，他处的冻豆腐，没有东北的那么扎实韧口，简直可以拿钩子吊起来。

在北京，锅子岂止是吃食，还应时当令，可以报时节呢。清朝宫廷里有相当长时候，每年十月到次年三月，宫女们晚饭都有锅子，仿佛有现代来暖气、"冬天到啦"的意思。按照唐鲁孙的说法，老北京八旗子弟们这么吃锅子：锅里加水、葱姜，上桌来了。懂得吃的，会加花样：叫个七寸盘的卤鸡冻，鸡肉少、冻子多，自己吃着鸡，冻下到锅里，就是卤鸡汤了。以此涮羊肉，吃得满面红光，剔着牙摇摇摆摆出门，后面一桌来了："有现成的老锅子？好，好，接着吃！"——那会儿还没现在这么严谨的卫生习惯呢。

大概老北京涮羊肉，汤底没那么讲究，在意的是酱。芝麻酱、香油、韭菜花，那都得讲究。如果怕膻膜之气——羊肉哪能没有呢？——那就加麻楞面，也就是不加盐的花椒粉。据说老北京有些片羊肉的师傅，一年只干这么一季活，手上都有庖丁的功夫，心明眼亮。又据故老相传，说羊肉适合涮吃的，曰上脑、大三岔、磨裆、小三岔、黄瓜条。羊里脊肉当然好，但太嫩，把握不好很容易涮老了，还是留着做别的吃吧。

师傅片好羊肉端上桌来，夹一片羊肉，入锅一顿一涮——好些老食客连这一顿都能给省了——然后蘸佐料。羊肉被水一涮，半熟半生，不脱羊肉质感，肥瘦脆都在，饱蘸佐料，一嚼，都融化在一起了，就势滑下肚去，太好了。这时来口白酒，甜辣弥喉，吁一口气都是冬天的味道。

在北方吃锅子，吃到后来，容易放浪形骸。大雪纷飞之中，穿着厚外套蹲着吃涮锅子，招呼店家"再来十盘羊肉"，吃热了脱下大衣，肌肤冷而肚内热，头顶自冒蒸气，将还带着冰碴子的羊肉往锅里一顿，一涮，一吃，一摇头：美！

在广东吃火锅，就是另一种风格。广东不冷，吃不出雪夜围炉的感觉，吃火锅也就是打边炉，吃得精细。北京火锅是水涮羊肉蘸酱，汤太复杂的话，容易招守旧的朋友皱眉，觉得不正宗；广州打边炉汤倒是清鲜得很。另北方涮锅，不忌肥厚；在广州打边炉，吃的都是虾仁鱿鱼、腰片肚片、鱼片鸡片、鱼滑虾滑。

我跟一位朋友开玩笑，说这顿饭吃不掉的鱼片、腰片，明早起来，是不是还能直接煮艇仔粥吃？朋友认真地回答："顺德菜里，真的有白粥底火锅哟！"说起来，日本也有河豚锅最后加米饭做成杂炊的。美食的思维，到处都相似。

广东锅也有风格豪迈的，那便是潮汕牛肉锅了。据说最早是沙茶酱加高汤为底，炭火慢煮牛肉而成，后来就发展出了清汤牛肉锅。我的广东朋友总结道，广东范围内的火锅——包括醉鸡锅、猪骨煲、牛肉锅——大多都是用鲜美食材熬一锅汤，顺便涮点儿清鲜可口的食物。推论起来，大概一来广东煲汤有一手，所以能耐心花几个小时，用肥鸡猪骨熬出一锅汤来打边炉；二是广东不冷，没有北方围炉吃个热乎劲儿的需求。一大锅煮好了，顺便涮鱼片、虾片、竹荪、生蚝、猪腰子等，求的是个清雅醇浓，不同于北方夜雪涮锅、逸兴遄飞的感觉。

我们为什么爱吃川渝火锅？

川渝火锅如今名扬天下，但起源其实不算早。据说本是江上纤夫的吃法，但我翻了翻书，已故的川中老作者车辐曾表示，按文学家李劼人的考证，该是 20 世纪 20 年代，江北县有人卖水牛肉。便宜，所以沿江干力气活的人爱吃，拿来打牙祭；水牛肉卖得好，牛心、牛肝、牛肚、牛舌也就一起卖了。

当时便流行在嘉陵江边，摆担子小摊，架长凳，放铁锅，煮卤水，开始涮这些牛心、牛肝、牛肚、牛舌。最初叫"毛肚火锅"，后来又不拘泥于毛肚了。大概这就是川渝火锅的风格：浓油麻辣，烹煮那些别处不一定会吃的部位。

我也问过重庆长辈，为什么吃火锅时须用九宫格，听到的说法不一。有的说，东西下了锅，涮熟了缩了不好找，有了格子就好些。有人说，以前讲究"镶起吃"，几家不熟的人拼火锅吃，自家吃自家的，免得吃乱了。

我觉得最有道理的说法是：九宫格作用不一。比如中间一格，处于锅心，温度最高，翻腾不止，不宜久煮，却适合涮烫。所以毛肚、黄喉，涮了即起。两边的十字格，温度次之，可以把郡花、肉片、鱼，搁那里多烫会儿。四角的格子温度最低，就适合把脑花、肥肠之类拿去慢炖，又或者孩子念叨"我土豆要吃融一点儿的、炟一点儿的"，就搁在边角了。锅虽然是一个味道，但不同格子，却代表不同火候、不同口感。所以一个锅看着粗豪，其实吃起来，可细致了。

东北的酸菜白肉锅或开江鱼炖肉，可以解释为东北腌渍酸菜，产大鱼大肉；北京的涮羊肉，可以追溯到口外肥羊，源远流长；广东的打边炉，可以理解说是靠海吃海，且煲汤有传统。那么，重庆这吃法的典故呢？

一是西南自古好辛香。一般吃惯清淡味道的人，讲究苦辣酸甜，会以为重庆火锅只是辣。但就以重庆火锅的调味而言，牛油与辣椒之外，还有其他的呢。按车辐的说法，20 世纪中叶，毛肚火锅的卤汁已经有牛骨汤、牛油、豆母、豆瓣酱、辣椒面、花椒面、姜末、豆豉、食盐、酱油、香油、胡椒、冰糖、料酒、葱蒜、味精，讲究点儿的还要用醪糟代替料酒。

这么热闹复杂的调味，当然不只是"辣"这个字可以形容的。

二是西南饮食历来喜欢寻找各色可以提供神奇口感的食材，然后用浓厚的味道浇灌之。

这道理，许多川菜也类似。比如平平无奇的豆腐，清油、牛肉、豆瓣酱加辣椒花椒面，做到麻辣烫酥嫩——那就是伟大的麻婆豆腐。比如没人要的牛脑壳皮和牛杂碎，煮熟切薄，加卤汁、花椒、辣子油红拌，就是如今的夫妻肺片——据说一度叫作废片，因为都是边角料，都是靠辣味，化腐朽为神奇。

吃完火锅后，总得有碗冰粉凉虾才对。吃过之前的香辣纷繁，再对应那份凉滑细腻，才算完整。川渝许多火锅店里蛋炒饭镬气十足，小汤圆甜糯动人，也是这道理：唯对比和不一致感，才能出美味。

不喜欢火锅的人，自有不喜欢的理由。比如袁枚以前就在《随园食单》里念叨要戒火锅："冬日宴客，惯用火锅，对客喧腾，已属可厌；且各菜之味，有一定火候，宜文宜武，宜撤宜添，瞬息难差。今一例以火逼之，其味尚可问哉？"

至于原因，按他的逻辑，一是火锅喧腾很烦人；二是各种菜各有适合的火候，不该一锅煮。作为江南人，我小时候也觉得袁枚说得有理。但在东北、北京、川渝、广东都吃了各色火锅后，回头一看，倒觉得袁枚格局不大，而且显然不太懂吃锅子……

比如，光广东的火锅汤底就风味多变，味道怎会单一？又如自诩真懂吃火锅的重庆人，自然信手拈来，知道毛肚该什么时候捞起，郡花什么时候到火候。所以火锅老手，非但不会满锅一个味儿，反而能一种菜吃出百种味道来。

如今流行火锅，尤其是川渝火锅，也不奇怪。《中国食辣史》的作者曹雨，曾记录自己外祖母的说法："为什么现在城里人，吃辣越来越多了呢？就是乡下人进城多了，饮食才变得辣了。"这句话有些粗率简略，但很有几分道理。

如上所述，中国传统饮食，话语权很容易集中在袁枚这类口味清淡、务求清鲜的读书人手里。但 20 世纪 80 年代之后，随着交通便利、人口迁移、平民口味的铺开，全中国都慢慢经历了川菜那一派曾经"商业发达→人口流动→全民饮食"的发展历程。

在我父亲那会儿，川渝人士怕得要出差才能遇到。但现在，大学生或上班族，身边怎么都能遇到几个"我们那里就吃这么辣"的同学或同事吧？于是大家都渐渐习惯了吃辣、爱上了吃辣，越来越多人无辣不欢。

这里除了辛香味本身那亲民却带有感染力的美好，还可能有其他隐含的原因。比如，相比起其他形式的聚餐，火锅是一种更热闹的社交方式。彼此吃得热火朝天，是极好的增进感情的方式。这种辛香味十足的吃法，价格更亲民，也更容易带出"大家是自己人，吃个热闹吃个痛快"的氛围。

我自己是江南人。但我觉得，比起那些"将高端食材用极简主义调理出高端味道"的吃法，这种将贩夫走卒都能吃得起的食材，调理到让人吃得停不下来，更贴近普通人的爱好。至于袁枚所谓"对客喧腾，已属可厌"，我是不太认同的：大概他要招待的那些老爷们都孤僻，不喜欢一群人热腾腾的感觉吧。

我还记得某年夏天在重庆南山上吃火锅，看一整山灯火通明喧腾，不知道多少口火锅。那份喧腾，看了就高兴，整座山都飘着火锅味儿。一代代人，硬生生地战天斗地、开山钻路、悬空架桥，辟出偌人灯火楼台立体城市供千万人居住，硬是过得有声有色，硬是过得有滋有味，硬是过得奋发火辣。本来是山高路狭江水湍，住人都够呛的地方，现在建得大家满山喧腾吃火锅。雄伟之极，壮丽之极。比起俊仆美婢窗明几净的那一套，还是这个漫山红烈的喧腾更让人觉得：吃东西真美好，生活真美好！

中国古代锅具图鉴

火锅本质上是通过水为介质加热食物的饮食方式，而承载水的则是各种样式的容器。这些容器展示了不同时代的社会生产能力和食俗风貌，从陶、青铜到铁的使用，直观地体现了不同时代金属冶炼的水平高低；而鬲、鼎、釜、镬、锅的变迁则暗喻了各时代食物的不同加热方式，比如釜的出现，对应的就是灶的发明。不论锅型、材质如何变化，不变的是围炉而坐、共同分享食物的欢腾和热闹。

摄影／柳叶氘　动脉影　王家乐
供图／汇图网　视觉中国

（西周） 大克鼎

裴李岗文化·乳钉纹红陶鼎
（新石器时期，距今 7600~5900 年，最早陶鼎）

（西周） 伯炬鬲

夏家店下层文化·陶鬲
（青铜器时代，距今 4000~3500 年）

西汉 中山内府铜釜

清代 画珐琅锅

清代 蓝釉瓷火锅

清代 丝珐琅团花纹菱花式火锅

清代 皇宫锡一品锅

清代 银寿字火锅

唯火锅可以一解愁肠

新闻人，曾任《中国周刊》总编辑、《南风窗》总编辑
朱学东

我以前经常说，自己是一个假的四川人，吃辣不行。

因此，以前我对火锅是抗拒的，一年也吃不了几次。

最近十年，成都的火锅店数量剧增，我被迫迫吃火锅的

次数也越来越多。最多的时候，一个月就这20家以上，

一年数以百家计。吃得多了，我对辣的耐受度也提高了，

对火锅的见解增多，也爱上了火锅。

川菜味型多变，以一菜一格、百菜百味著称。火锅一

从不吃火锅到爱吃火锅

资深餐饮人，著有《一双筷子吃成都》
九吃

大概是1997年，我第一次川渝之行后，就喜欢上了麻辣火锅。后来每次吃火锅，还喜欢"加麻加辣"。一般人很难理解，我一江南人，从小喜欢清淡鲜口，也没吃过辣的，后来竟然会喜欢上火锅这样的饮食，甚至得了个"火锅达人"的外号。

有多爱？去成都重庆出差，那些地方的朋友都知道我喜欢火锅，接待我每天至少一顿火锅，正餐排不上，宵夜也得补上；在北京，每月必得吃川渝风味的火锅，常常一月几次。

古人围炉，喜欢雨夜雪中，我则不然。晴天夏日，火锅发汗；雪夜雨中，夜话暖人。当然，一般人皆夜喜欢撸串，唯有我，独爱麻辣火锅。

锅红艳，似乎就麻辣一味。的确，现在火锅的标准化程度非常高，但也不是千锅一味，而是各有特色。成都有上万家火锅店，每家都有差别。有的偏麻、有的重辣，有的回甜、有的重香，总之各有特点。老火锅油多料重，黏稠巴味，如关西大汉手执铜琵琶唱大江东去；清油火锅虽然也是麻辣刺激，吃起来却清爽干净，如十七八少女唱杨柳岸晓风残月，绝对是完全不同的风格。

除了味道，更多的火锅是在食材上下功夫、找差异。有的因鹅肠扬名，有的以鲜毛肚求胜，有的以海鲜另辟蹊径，有的以山奇货可居，总之各有引客之道。

每次吃火锅，我尤好各种下水，毛肚鸭肠鹅肠之类，真是百吃不厌。当然我也喜

我第一次吃火锅

江玉祥　四川大学文学与新闻学院教授，四川省民俗学会名誉会长

我第一次吃火锅是1950年冬天，四川刚刚解放，还未进行土地改革，那年我才5岁，我家还租种着地主的田土，住在三间草房里。有一天下雨，不能出工，爸爸提议今天推豆花吃。四川乡下人吃豆花挺隆重，相当于打牙祭吃肉。吃顿豆花，淘神费力，从梁上取下豆把子，捶豆子、泡豆子、磨豆浆、沥豆渣、点豆花，要经过诸多工序。还有炕海椒，用碓窝舂海椒面；炕花椒，用"莫奈何"擂花椒面，调蘸水，兑佐料，一铺篮子的事。

在压抑忙乱愁眉不展的时候，没有什么其他美食能吸引我穿过半个北京城去赴约，除了火锅。唯火锅可以一解愁肠。毕竟，围炉必得有朋友。

每次吃完火锅，我不只是抚肚叹息，更想用把刀将肚子拉开！无它，每次都会吃撑。

欢各种牛羊鱼肉，喜欢各种豆制品，还带离笋竹笋粉条羊平菇。痛风初犯，我曾哀叹，没有火锅下水的人生，还值得过么？拼命喝水，如今恢复了吃火锅。

俗话说：杀牛都等得，推豆花等不得。爸爸说："数九天气冷，我们吃火锅！"只见爸爸从灶房里端出一个小小的瓦炉子放在吃饭的方桌上，又拿出几块平时舍不得烧的青杠栎炭放进瓦炉子里，将一块栎炭放进灶门里烧红，作为引火，再放上其余的栎炭，然后鼓起腮帮子吹火，引燃其余栎炭。红红的杠炭火，饭桌周围顿时暖意融融。妈妈用一口小铜锅盛上大铁锅里已经点好、压成型的豆花，放在小火炉上，边煮边吃。全家人围着小火炉，各人盛一碗甑子干饭，满有兴致地品尝平时吃不到的豆花。蘸水也是平时难得吃到的酱油调熟油辣子加花椒面，家里平时吃米汤煮萝卜青菜，都是家常辣胡豆瓣酱打蘸水。碟子除了爸爸和哥哥是一人一个，其他人共用一个蘸水碟子。豆花吃完后，又将就沸腾的豆花窖水，烫了一篼算从菜园里新摘的菠菜和碗豆尖来吃。那一顿饭很清汤寡水，没有一点儿荤腥，但全家人吃得兴高采烈，像过年一样。这就是我记忆中的第一次吃火锅。

我的火锅

司马青衫

重庆历史文化作家、美食作家，著有《水煮重庆》

才参加工作时，在重庆江边一所偏远小学任教。每个月领了工资，必吃一顿火锅。学校旁有一条半边街，街上有一家45张桌子的小火锅馆。火锅馆没有招牌、门前，是直通江边轮渡渡船的小道，轮渡一小时一班，等船的人往往坐在火锅馆门口长凳上，有一句没一句，摆着闲龙门阵。

火锅馆的味道如何，已经忘记了。那时穷，每次就

雷打不动的两荤两素四份菜，外加二两老白干，一共5

元左右。

毛肚必点，因为毛肚一端上来就可以涮着吃，不至

于空着肚子等。第二个荤菜，要么是老肉片，要么是鱼

鳅。老肉片放在九宫格最边上，煨着，不急，看着书慢慢

慢等，彻底入味了，再一片一片慢慢吃。

有时候，我会把老肉片换成鱼鳅，新鲜现杀的鱼鳅，

放进火锅里还在跳动，所以需要用一把黄豆芽盖在鱼鳅

上面——这把黄豆芽是免费的。为了这把免费的黄豆芽，

鱼鳅就成了我经常点的菜。鱼鳅煨入味了，拈一根放入

口里，一抿而化，轻轻一吐，一根光溜溜的主刺，就掉

到桌子上。

藕片和包包白（圆白菜），是老火锅标配。藕片，

我喜欢切得厚厚的，煨半个小时再吃，很软很入味，白

一场"火"的洗礼

扶霞·邓普段　英国作家，著有《鱼翅与花椒》

我的重庆火锅初体验，几乎完全

等同于一场"火"的洗礼，它也是我

当时在中国吃过最困惑的一顿饭。

那是我第一次来中国，完全不会

说中文，所有的行程都基于手里那本

《孤独星球》指南。那天晚上，我记

得我浑身湿漉漉地到了重庆，跟着指南来到重庆的"火锅一条街"。

服务员先是给我端来了满满一盘"橡皮"质地十足，又无法识别的东西，让我涮进面前一口油锅里。涮出来的每一小口都挂满辣椒和一些恶心的、让我嘴巴发麻的香料（后来才知道这是花椒，当时并不知道），我也不知道有没有米饭，也不知道怎么点饭，就又气又饿地回到了酒店。

随着我对中国的熟悉，以及中国朋友的不断坚持，我最终还是爱上了火锅。最初入门的是涮瘦肉、蔬菜和豆腐，最后才是那些文化上手我很陌生的部位。现在我基本上只要吃火锅就必点鸭肠、鹅肠，我最喜欢的火锅食材就是鹅肠。

在《鱼翅与花椒》里，我也写过一个故事，是"嚼劲"那章的开头，我带我父母吃火锅。那件事给我带来的反思，是我深刻地意识到中国和西方饮食最大区别之一就是"质感"。那时候我已经在成都住了很久，很熟悉这里的饮食，但我父母面对鹅肠、黄喉的时候却完全无法接受。

菜也是。吃火锅，煮入味是关键，不然，和吃炒菜有什么区别呢？

同时，一定要二两烧酒，再加一本书。慢悠悠地烫火锅，一页一页翻着书，时不时抿两口烧酒——这样的场景，可惜再也不会出现了。

这几年我也会带其他老外朋友来四川吃火锅，有了之前的经验，我会有意识地教他们如何欣赏鹅肠、毛肚这样的质感。我不大会说火锅是我在四川最喜欢的食物（毕竟四川好吃的太多了），但火锅的那股热气、人们围坐一起的感觉，如此凶猛地吃辣椒带来的痛苦和快感，以及四川人对火锅的热情，的确是极富感染力的。

我也很担心火锅成为川菜的代名词。四川有大多优秀的美食，讲究各种精巧的烹饪，火锅其实是里面相对简单和廉价的。吃火锅的确能让人快乐，但从文化和传播的角度，我们还是有责任告诉更多人：川菜不只有火锅和麻辣，还有各种风味值得被看见。

吃麻辣火锅就像交朋友

导演　制作人
陈晓卿

锅里翻江倒海，上空热气蒸腾。幸好火锅出现得晚，否则庄子说的"相濡以沫"弄不好都会有别的解释，甚至那句"相忘于江湖"也可能被忽略了。

吃火锅适合朋友之间的场景，吃四川麻辣火锅就更像交朋友：煮得愈久，口感愈醇厚，所有的锅底汤料非经过一个时辰的充分交融，味道无法得以彻底彰显。

尽管这些年有的连锁火锅店因为汤底很容易上口而

重庆火锅森林

小宽　美食记者、诗人

到重庆，总是要吃火锅。这座城市就像一座火锅森林，街头巷尾处处火锅，找一家火爆的江湖菜馆，总不及找一家热烈的老火锅来得痛快。重庆的朋友从来不带我去那些有空调、有转桌的馆子，在他们看来，吃火锅总是要坐在搭个棚子的地方才舒坦。我上次去重庆，是为了拍一个深夜觅火遍全国，特别适合火锅入门，但我自己去的次数并不多。有朋友问原因，我解释说："那些店做的是无渣火锅，汤里没有成型的伴料，看上去很干净方便，但它就像一个讨人喜欢的自来熟交际花，貌似很容易接近，时间长了也不会有什么进一步交流，可敬而不可亲。"

相比，我更喜欢那些还在自己炒底料的麻辣火锅店，它更像一个内向的人，你需要时间，慢慢等它散发自己的魅力，而且时间愈久味道愈浓。

你要是喜欢谁，不妨提前两小时找一家这样的火锅店，早早开火，想象着那郫县豆瓣和葱结、姜片、蒜瓣以及草果、丁香、花椒、辣椒不断充分交融磨合，小火慢慢熬着，等那个人来吃。当然，"那个人"必须是一个喜欢吃的实在人，吃饭就是你们的目的，这样你们才能在享用美食的同时享受"相濡以沫"的人生。

差万别，一个火锅高手可以分辨其中的细微区别。"这种做法保持了原料厚重的本味，但缺乏鲜香，于是用老油来增加鲜香成了一种选择。老油，也就是人们常说的回收油，在关注食品健康的今天，人们视它如洪水猛兽。对于有点儿规模的重庆火锅连锁品牌店来说，他们已经改成了新派火锅，弃用老油，推广一次性锅底，而在锅底中加入各种辛香料，用来调和滋味。

对一些重庆人来说，从小习惯了老油的香，老火锅不单是一种烹饪方法，更是一种生活方式。在重庆的夜晚，随便一家火锅店，也许能见到爆棚的食客。城市的空气中飘着红油的香味，新鲜的毛肚、鸭肠、黄喉，方竹笋纷纷下锅，挑剔的食客精准掌握着不同食材的涮烫时间。没有火锅味道的重庆之夜，多少会显得寡淡。

食的视频节目，期间，宋烨陪我吃了两顿火锅。他是重庆隐敝的美食家。

冬天，雾气下的重庆显得沉郁阴暗，在朝天门码头甚至看不清对面的景色。人们在这座城市生活，早晨吃一碗小面，聚会的时候吃火锅。一座山城，在长江和嘉陵江的夹击之下，江湖气似乎遍布大街小巷，也藏于重庆的食物之中。

宋烨说："在重庆，火锅也有不同流派。可以分为水陆两派：前者分散在江边，讲究锅底浓郁；后者集中在南山，讲究食材新鲜。然而对更多重庆人来说，重庆火锅只有两种：老火锅和新派火锅。"宋烨介绍，"所谓老火锅，底料不放香料，以牛油、菜油、辣椒、花椒、姜、蒜、豆瓣等基础食材，靠厨师的手艺炒香。不同的厨师和原料配比，造成了火锅味道的千

巴适得板

掸龙门阵

虎豁头儿
油亮卡

吃莽莽

晓兔儿脑壳

摄影 / 李志勇

川渝火锅的未来

WEI LAI

撰文：梅姗姗

2020 年初，新冠疫情的突然暴发打乱了整个中国餐饮业节奏。

最初的一个月，餐饮业慌了。西贝创始人贾国龙甚至一度发表公开信，表示账面资金撑不过三个月，随时可能破产。随着时间推进，餐厅开始自救。大董、陶陶居等餐饮品牌开始尝试卖自家特色菜品的半成品；眉州东坡等品牌开始卖签约基地生产的瓜果蔬菜；而大龙燚、小龙坎等火锅品牌则开始尝试拓展火锅的可能场景。

"疫情期间，我们和朋友、外界唯一的沟通渠道就是手机，所以公司第一时间想到跟饿了么和美团合作，将传统生食大火锅外卖送到家里。"小龙坎控股集团联合创始人陈刚说，"在疫情之前我们是不做生食大火锅外卖的，因为食材在配送过程中的不可控因素太多。"

短短一个月内，不只是小龙坎，几乎所有火锅连锁品牌都推出了外卖业务。曾经因为运输成本或消费体验考虑，只占很少份额的火锅外卖，一夜之间成了品牌维持生存的唯一依靠。小龙坎"经典火锅外卖"上线当日，成都区域门店总销量即突破1200 单，环比增长 350%。

"很快我们还发现了另一个趋势，就是包括火锅底料和自热火锅这类衍生品销量开始暴增。"陈刚说，"淘宝等线上销售渠道直接卖炸了，春节前的储备库存全部卖空了。"小龙坎开始顺势拥抱电商直播，火锅的衍生品销售量出现了几何级数的增长。

虽说改变不是因疫情而起——早在 2017 年，自热火锅就开始涌入年轻人的生活；火锅外卖也早就不是新闻——但一场突如其来的疫情，还是意外地激发了这个行业前所未有的活力。火锅作为"聚餐标配"的概念被彻底打破，市场开始呈现前所未有的百花齐放状态。

鸳鸯锅的出现是川渝火锅走出川渝、迈向中国乃至世界重大的自我突破。 图 / 视觉中国

火锅：一种不断自我进化的饮食方式

截至 2018 年，全国火锅店数量约有 40 万家。企查查数据显示，2019 年新注册的火锅企业为 8.8 万家。即便受到疫情影响，2020 年上半年，新注册的火锅企业也达到了 3.4 万家，其中川渝火锅的占比约为 56%，是规模最大的火锅品类，川渝火锅也可以说是火锅的代名词。

庞大的开店数，一方面显示了消费者对火锅的旺盛需求，另一方面也催生了火锅市场的严重内卷。为了成为消费者心中"想吃火锅时就想到的那家店"，火锅商家们可谓用尽了心思。

时间回到 20 世纪 90 年代，最早打破火锅"聚餐标配"概念的，是来自台湾的呷哺呷哺。1998 年，台湾人贺光启将当时在台湾流行的吧台式小火锅引入北京：电磁炉加热、U 形吧台和一人一锅的分餐制挑战了很多人对火锅的认知。呷哺呷哺将消费水平定位在人均 40 元左右，一套小火锅包含肉类、蔬菜、汤底、调料。虽然一人一锅的形式在当时还不常见，但凭借价格亲民、单身友好度强，还是成功地吸引了那个年代拮据的学生和白领。呷哺呷哺迅速成为那个时期的代表品牌，并于 2014 年赴港上市。

2014 年的火锅行业，似乎与之前没有任何不同。小龙坎在那一年开了第一家社区店；海底捞因"服务好"开了第 100 家门店；如今以毛肚出名的巴奴刚开始尝试毛肚战略；呷哺呷哺也没歇着，他们开始策划"凑凑"，打算通过提高自家火锅的客单价，挺进高端火锅市场。

2014 年的火锅行业，却又有那么一些不同。火锅市场竞争的白热化从这一年开始明显，逐渐饱和的火锅市场导致不同品牌对差异化竞争的需求不断增强，"火锅 +"开始成为业内不断提及的概念。"火锅 +"，即火锅加上跨领域的另一个 IP，这是火锅店通过"破圈"的方式吸引更多食客的方法。

凑凑的"+"藏在茶饮里。2016 年，第一家凑凑火锅店在北京开业，但其最叫座、排队最多的却不是火锅，而是它浓郁纯正的大红袍、铁观音奶茶，这直接促成了呷哺呷哺旗下茶饮品牌的建立。两年后，"茶米茶"独立成品牌。呷哺呷哺这个曾经的小火锅王者，在今天的火锅大战里换了一个身份，依靠"火锅 + 茶饮"的定位稳稳地占据了市场的一方地盘。

与此同时，巴奴的毛肚方案也奏效了，他们不再尝试模仿海底捞的服务，而是把主要精力放在了单品差异化，并成为消费者一想吃毛肚就想到的名字上。2020 年，在疫情最严重、餐饮业几乎停滞的时候，巴奴获得近亿元的融资，坐稳了"火锅 + 毛肚"的宝座。

"火锅 +"概念随着时间的推进一路升级，陆续出现了"火锅 + 卤味"的巴蜀聚贤庄卤味火锅、"火锅 + 环境"的园里火锅、"火锅 + 甜品"的朴田海鲜火锅……用大龙燚火锅创始人柳鸷的话说："'火锅 +'细分市场将是一个新的机会点，大家的目的都是让人记住。"

突发的疫情给火锅外卖注入一剂强心针。图 / 人民视觉，摄影 / 周毅

火锅行业未来的契机

　　但能因此说"火锅＋"就是中国火锅市场的未来方向吗？恐怕不行。商业的发展从来都不是一条平滑向上的直线，今天拥有的成绩只能说明曾经的战略奏效，下一个时代能否领先，考验的还是品牌是否拥有第一性原理思考能力。未来中国市场主力消费群体会有什么特征？如何顺应时代趋势，在关键的节点找到助力？

　　不同品牌对此不同的解读，会带给火锅市场不一样的未来和前景。

单身经济时代的单身火锅

　　2001 年，《经济学人》杂志首次提出了"单身女性经济"概念。"她们是广告业、出版业、娱乐业和媒体业的产品和服务的生产者和消费者。因为独身而且收入不菲，她们是最理想的顾客。与其他阶层相比，她们更有花钱的激情和冲动，只要东西够时髦、够奇趣，她们就会一掷千金。"文章里写道。

　　10 年之后，日本著名的管理学家大前研一出版了《一个人的经济：成熟市场也有大金矿》。此时"单身经济"已不再是新鲜的概念，范围扩展到全部的单身年轻男女。书中写道："年轻人的单身消费多半是购买了一种生活方式，而这种生活方式则注定了'一个人的经济'将囊括消费的各种场景和领域，这背后不光是消费观念的转变，更是整个商业社会需要解决的商业难题。"

　　2017 年，中国单身人口首次超过 2 亿，自热火锅也在这一年疯狂地出现在人们的视线里。仔细品味大前研一的那段话，我们或许能发现自热火锅异军突起，从默默无闻的自热食品成为整个中国互联网消费现象级产品的重要原因。

　　第一个想明白这件事的，是零食品牌百草味的创始人蔡红亮。2016 年，在将百草味以 9.6 亿元的价格出售给中国红枣龙头企业"好想你"之后，蔡红亮对外宣布闭关三年，说要"深耕互联网代餐零食市场"。2018 年 1 月，他带着"自嗨锅"自热火锅回归。同年的"双十二"，在快手知名网红主播的直播间，仅用 10 分钟的时间就卖出了接近半个亿的销售额。

　　"用玩零食的方法玩火锅"，换汤不换药，是人们对蔡红亮的最初判断。蔡红亮对此并没有发表意见，只是在采访里，他不断强调中国"'90后'单身经济"这个巨大的市场。"2020 年或者说未来很多年，我们不可忽略一类人群已经崛起，就是我们俗称的'Z 世代'，也就是'90后''95后'。针对他们，我们将更加注重打造'一人食'的细分场景。" 在一次采访中他说。

　　这群"90 后"单身消费主力军有什么共同特性呢？从 1994 年生的北漂女孩小曹的描述里我们或许可以窥见一二："我感觉下班回家刷抖音、刷剧、刷综艺（节目）已经成了一种习惯，虽然现在忙，不至于刷太久，

繁忙都市里，一人食火锅既满足了口腹之欲，又避免了社交的压力。摄影 / 吴学文

自热火锅满足了随时随地吃火锅的新需求。图 / 汇图网

但还是会点进去。我另一个闺密是小红书重度上瘾者，收藏了可能上万个'种草'吧，她家几乎所有单品都是小红书上看来的。"

成长于互联网时代，或许是"90 后"跟上一代人最大的不同，这意味着他们接受信息的渠道从底层发生了根本的改变。谁能精准地把握这群消费主力的信息接收渠道，谁就能在单身经济的竞争红海里后来居上。莫小仙自热火锅的创始人王正齐说："我们主要的购买人群是 18～24 岁的女性，综艺、电视剧和直播是我们最重要的三个推广渠道。"他正是受益者之一。

从 2019 年开始，莫小仙总共投放了 14 部电视剧、4 部综艺的宣传，并专门划分出一个团队负责对接抖音、快手的直播。"现在莫小仙的员工出差去酒店，前台一看发票开的是莫小仙，都会主动说吃过我们的自热火锅。问从哪里知道的，脱口而出的都是我们赞助过的综艺、电视剧或某个达人的

直播间。"王正齐话语间透露着自豪。

于是，在无数品牌猛烈的互联网宣传下，2020 年中国民用自热食品市场规模首次超过 40 亿元，年增速超过 20%，成为方便食品里增长速度最快的品类。

国家经济政策鼓励下的火锅创新

玛歌庄园是一座占地 300 亩，位于成都市新都区锦城绿道之上的人造园林。从成都市中心出发，开车需要一小时左右。

首先映入眼帘的是 150 万元一棵的日本罗汉松，松树旁巨大的地图会告诉你这里可以期待的内容。无论工作日还是周末，这里从早上 10 点开始就会陆续有游客前来参观拍照。占堡、山丘、水池、喷泉、杨梅林、游船、树屋……白天的玛歌庄园一片田园风光，黑天鹅在湖上划水，杨梅和枇杷熟了还可以顺手摘下。晚上这里则成了灯光和音乐的海洋，喷泉变换着不同的颜色，不同的乐队前来驻唱表演，戏剧演员还会吊着威亚表演电影《神话》的片段，水幕电影还能将经典影片带到你的面前。

但这一切都只是为火锅服务，玛歌庄园真实的身份，是中国最大的火锅店。"这里一次性最大接待能力是 5000 人，如果算上中午、晚上和翻台，一天之内是可以容纳万人的，所以我们也叫万人火锅庄园。"玛歌庄园的经理付伟说。

2016 年，玛歌庄园的创始人获得了开发这块位于新都区的土地的批准。"当时这里一片荒芜，只有因建筑而挖出来的一个土坑。我们三个创始人，一个有房地产背景，一个有园林开发背景，一个有餐饮管理背景，就一起寻思可以做些什么。"付伟回忆，"成都人最大的爱好之一就是周末出游，新闻不是戏称我们叫'川 A 大军'吗，我们就想拿这块地做个'高级版农家乐'。"

这不是一个拍脑袋的决定，藏在"高级版农家乐"之下的，其实是玛歌庄园对于政府的"乡村振兴"战略和"锦城绿道"开发规划的理解。党中央在"十九大"报告中提出"乡村振兴"战略，目的

是进一步解决农业和农村问题，提高农民的就业和收入。"利用好政策，不仅可以助推这个火锅庄园的名气，还可以帮助解决农民的就业问题。"付伟说，这是玛歌庄园遇上的第一个契机。

"锦城绿道"则是成都市新都区城市公园建设的一个重要组成部分。合理开发，吸引游客，是新都区政府对于"锦城绿道"开发的愿景。"玛歌庄园的火锅店如果开好了，还可以吸引大量游客前来参观，这也符合政府的需求。"付伟说，这是玛歌庄园碰巧遇上的第二个契机。

第三个契机则是短视频的兴起。"我们一开始也不知道什么是抖音，广告还只是传统地投放在汽车广播上。客人来了，发了抖音，好多人说是看了抖音过来的，我们才开始学习。虽然到今天我们也没主动做抖音，但我们会鼓励客人拍了视频发抖音，这也是运气。"

"最近一个契机是最意外的，就是去年的疫情。疫情之后，国家开始鼓励夜间经济，促进消费。我们正好白天晚上都能开业，符合国家促进鼓励夜间经济的政策，就机缘巧合地上了央视新闻。"付伟感慨。

一连串的契机和恰到好处的把握，使得玛歌庄园如同坐上了高速列车，成为火锅未来可能性中的一种独特存在。在这里，火锅不再只是一顿饭，它是一种多样的、可以满足一个大家庭不同人生活方式的消费场景：你可以边游船，边打麻将，边摘水果，边欣赏表演，顺便来口涮毛肚、涮鸭肠。

如果说自热方便火锅回应的是已经到来的单身经济时代，那玛歌庄园就是天平的另一边，代表火锅行业在国家经济发展政策下的一种模式创新。

火锅行业里的第一性原理

无论是自热方便火锅、"火锅＋"，还是政策下的火锅创新，在小龙坎控股集团联合创始人陈刚看来，这些都是火锅基础意识形态的表达方法。"火锅行业无论怎么发展，都逃脱不了'到家''到店'和'周边'这三个基本场景。"陈刚说。

"到家的业务，解决的是回家吃火锅的需求。一个人可以买自热火锅，也可以点一人份的火锅菜或麻辣烫外卖；一群人就是点传统的生食大火锅外卖，或者买底料和半成品自己回家涮。"

买半成品自己回家涮，在当下火锅市场里体现为开始各地开花的"火锅超市"。2020 年初，一站式火锅烧烤食材超市"锅圈食汇"获得了5000 万美元 B 轮融资；同类型的"懒熊"火锅超市也在今年完成了千万级的融资。虽说这个品类目前很新，还没有足够高的行业壁垒，但从投资局势来看，资本方对它们的未来还是持有足够高的信心。

"到店的业务，解决的是聚餐的需求，就是咱们常说的'火锅＋'。今天想吃毛肚火锅还是鸭血火锅，想吃服务还是想吃底味，市场的细分确保了老百姓总能找到自己的味道。"陈刚继续解释，"最后是衍生品，不同的品牌有属于自己的市场切入点，我们目前的主要发展方向是以火锅底料为基础的复合调味料。在我看来，未来真正能够占领市场的，还是在单个或者多个角度做到头部的品牌。"

陈刚对火锅行业的认识，不失为"第一性原理"在火锅行业的体现。近几年，越来越多的企业开始用这套原则思考未来发展方向，其中最具有代表性的莫过于埃隆·马斯克。他是这样解释这种思考模式的：一层层剥开事物的表象，看到里面的本质，然后再从本质一层层往上走。

学化学出身的重庆聚慧食品科技有限公司董事长苟中军对此也有一套自己的理解。他把火锅行业这些年的繁荣总结成了两个原理：重口味是不可逆的，火锅是一种包容万象的饮食方式。

"辣是一种疼痛记忆，它通过灼伤你的味蕾，让你产生深刻的头皮记忆，从而促使多巴胺的产生。未来只有通过更辣，或更深度的刺激，才能点燃和覆盖这种记忆。"苟中军说，"所以人对于重口味的诉求是不可逆的。"

火锅作为包容这种重口味发展趋势的一个重要表达方法，无论是哪种形态，都是可能的。"从这个角度来说，这个行业没有竞争，所有参与者都是在服务这不可逆的味蕾发展方向，扩大市场的容量。川渝火锅市场不仅不会缩小，反而会越来越大。"苟中军说。

川渝火锅的未来会有怎样的模样？

我们或许可以这么理解：它不只拥有"聚餐"的专属含义，而是成为一种味型，甚至一种烹饪方式。它会拥有麻辣鲜香的底味，然后在人们的味蕾创意世界里，开出五彩缤纷的花。

新时代食客对火锅的要求不仅仅是口味，用餐环境也成为十分重要的体验部分。 图／玛歌庄园

图书在版编目（CIP）数据

火锅 / 陈沂欢主编. – 北京：北京联合出版公司, 2021.10
（地道风物）
ISBN 978-7-5596-5537-0

Ⅰ.①火… Ⅱ.①陈… Ⅲ.①饮食－文化－中国
Ⅳ.①TS971.2

中国版本图书馆CIP数据核字（2021）第183487号

火锅

主　　编：陈沂欢
出 品 人：赵红仕
执行主编：范 烨　巩逸帆
审稿专家：蓝 勇　江玉祥　杜 莉　王旭东　范亚昆
策划编辑：张治中　佘 涛　聂 靖
责任编辑：刘 恒
特约编辑：蔡雅琳
图片编辑：何靓亮　吴学文　王家乐
营销编辑：石雨薇　王思宇
地图编辑：程 远
书籍设计：何 睦　陈 琳　李 川
封面绘制：niko图像工作室　东子成
特约印制：焦文献
产品经理：蔡雅琳
品牌合作：林少波　付鑫科
策　　划：北京地道风物科技有限公司
联合策划：沸腾里
制　　版：北京美光设计制版有限公司

北京联合出版公司出版
（北京市西城区德外大街83号楼9层　100088）
北京联合天畅文化传播公司发行
北京华联印刷有限公司印刷　新华书店经销
字数317千字　710mm×1000mm　1/16　15.5印张
2021年10月第1版　2021年10月第1次印刷
审图号：GS（2021）5408号
ISBN 978-7-5596-5537-0
定价：78.00元